HEPATICOLOGIA GALLICA

❦

FLORE

ANALYTIQUE ET DESCRIPTIVE

DES

HÉPATIQUES DE FRANCE ET DE BELGIQUE

ACCOMPAGNÉE

de 13 planches représentant chaque espèce de grandeur
naturelle et ses principaux caractères grossis

PAR

T. HUSNOT

---

10 fr. 50 c.

T. HUSNOT

A CAHAN, par Athis

(ORNE)

F. SAVY, Libraire

Boulevard St-Germain, 77

PARIS

1875-1881

HEPATICOLOGIA GALLICA

ORGANOGRAPHIE

Les Hépatiques forment, avec les Mousses et les Sphaignes, une classe importante du règne végétal, désignée sous le nom de Muscinées ; nous n'avons à nous occuper ici que des Hépatiques.

La plus grande partie des espèces françaises ressemblent aux Mousses, c'est-à-dire qu'elles sont pourvues d'une tige et de feuilles très-distinctes (Pl. I, fig. 1) ; d'autres sont complétement privées de feuilles et ne se composent que d'une expansion membraneuse qui porte le nom de *Thalle* ou *Fronde* (fig. 2 et 3). Les premières sont appelées Hépatiques *foliacées*, et les secondes Hépatiques *frondacées*.

I. ORGANES DE VÉGÉTATION.

(Pl. I).

Les organes de la végétation sont les *racines*, les *tiges*, les *feuilles*, les *amphigastres* et les *frondes*.

1. DE LA RACINE. — Toutes les Hépatiques, à l'exception de quelques-unes qui flottent à la surface des eaux, sont fixées à leur support par des racines naissant à la face inférieure des tiges ou des frondes. Ces racines (fig. 4) sont très grêles et hyalines, rarement colorées ; elles sont formées d'une seule cellule qui s'allonge beaucoup et se bifurque assez fréquemment ; presque toujours lisses, elles présentent quelquefois de petites saillies hémisphériques et peu nombreuses.

2° DE LA TIGE. — Quelques Hépatiques exotiques·ont des
tiges très-allongées, mais la tige des espèces européennes
est généralement plus courte que celle des Mousses, et dépasse rarement 10 cent. Elle est simple, dichotome, pennée
ou irrégulièrement ramifiée. Dans certaines espèces, telles
que le *Mastigobryum trilobatum* (fig. 5), des *Stolons* grêles et
allongés, munis de feuilles squamiformes espacées, naissent
sur la tige à l'aisselle des Amphigastres.

Dans certaines espèces, la tige est formée de cellules
presque uniformes, tandis que d'autres présentent deux
zônes de cellules bien distinctes : l'extérieure composée de
cellules colorées à parois épaisses, et l'intérieure de cellules
hyalines à parois minces. Dans quelques espèces, ce sont les
cellules intérieures qui sont à parois plus épaisses, etc. Il
est facile d'étudier ces cellules sur une coupe transversale de
la tige.

. 3° DES FEUILLES. — Les feuilles des Hépatiques sont formées d'une seule couche de cellules qui ont presque toujours
(fig. 6) la forme d'un hexagone, plus ou moins régulier et à
angles arrondis. Dans un petit nombre d'espèces, les cellules du bord sont différentes et forment une marge distincte. On n'y trouve jamais cette nervure médiane si commune chez les Mousses.

Elles sont disposées sur deux rangées, et souvent plus ou
moins imbriquées de deux manières différentes. Dans certaines espèces (fig. 7), c'est la feuille supérieure qui recouvre
en partie la feuille immédiatement inférieure, dont le bord
supérieur se trouve caché, on dit alors que les feuilles sont
succubes ; dans d'autres (fig. 8), c'est la feuille inférieure qui
recouvre en partie la feuille supérieure, elles sont dites *incubes*. L'insertion des feuilles par rapport à la tige est fort
variable, elle peut être parallèle, oblique ou perpendicu-
laire.

Les feuilles des Hépatiques sont toujours sessiles et ordinairement de forme ovale ou arrondie. Leur bord est entier
(fig. 9), denté (fig. 10), divisé en deux (fig. 11 et 14) ou plusieurs (fig. 7) lobes égaux (fig. 4) ou inégaux (fig. 11 et 12) ;
quelquefois les lobes sont longuement ciliés (fig. 12) ou
linéaires et atteignant presque la base de la feuille (fig. 13).

Les feuilles sont presque toujours lisses et planes, cependant elles présentent parfois quelques plis ou sont légèrement recourbées aux bords.

4° DES AMPHIGASTRES. — Ces organes n'existent que dans

un certain nombre d'espèces foliacées, c'est sur les parties les plus jeunes des tiges et sur les rameaux fructifiés qu'il faut les rechercher de préférence. Ce sont de petites feuilles qui naissent à la face inférieure des tiges (fig. 14) et qui diffèrent des feuilles ordinaires par leur grandeur et leur forme (fig. 14 et 15). Dans un petit nombre d'espèces, ils sont semblables aux feuilles; souvent, ils sont beaucoup plus petits et quelquefois ils sont cachés par les radicules qui ne sont formées que d'une seule cellule, tandis que les Amphigastres présentent toujours plusieurs cellules placées bout à bout.

5° DE LA FRONDE OU THALLE. — Dans les Hépatiques frondacées, l'appareil végétatif est réduit à une expansion membraneuse plus ou moins élargie et lobée (fig. 2 et 3), qui porte le nom de *Fronde* ou *Thalle*.

Cette fronde est formée par plusieurs couches de cellules. Dans les Marchantiacées, les couches supérieure et inférieure forment deux zônes distinctes auxquelles on a donné le nom d'épiderme supérieur et inférieur ; dans plusieurs genres, l'épiderme supérieur est percé de stomates (fig. 16).

La Fronde présente ordinairement dans la partie moyenne et dans le sens de la longueur une série de cellules distinctes qui simulent une nervure (fig. 2). Cette nervure moyenne a beaucoup d'analogie avec la tige des Hépatiques foliacées.

II. ORGANES DE REPRODUCTION.
(Pl. I).

Les Hépatiques se reproduisent par les spores ou au moyen de stolons, propagules, etc.

1° DES FLEURS. — Les fleurs des Hépatiques sont monoïques ou dioïques : monoïques quand les fleurs mâles et les fleurs femelles sont sur le même pied, dioïques quand elles sont sur deux plantes distinctes.

Fleurs mâles. — Les fleurs mâles des Hépatiques foliacées sont situées à l'aisselle de feuilles qui diffèrent peu des autres, ou sont assez distinctes et forment un épi coloré terminant les rameaux ou la tige; dans ce cas, elles diffèrent des feuilles ordinaires en ce qu'elles sont très-concaves et étroitement imbriquées.

Chaque fleur se compose de 1 (plus rarement 2 ou 3) corps globuleux ou brièvement ovale porté sur un pédicelle grêle, c'est l'*Anthéridie* (fig. 17). On ne trouve de traces de paraphyses que dans un petit nombre d'espèces.

Fleurs femelles. — Les fleurs femelles terminent la tige et les rameaux ou naissent latéralement. Elles sont peu visibles, et les organes qui entourent plus tard le pédicelle ne sont encore que fort peu développés. Elles se composent de un ou plusieurs *Archégones* (fig. 18); ce sont des corps mous, subcylindriques, présentant un canal intérieur, et renflés au-dessus de la base après la fécondation. On ne trouve de paraphyses que dans le genre Marchantia.

Dans quelques genres d'Hépatiques frondacées, le réceptacle qui porte les fleurs est longuement pédonculé (fig. 2), tandis que dans d'autres elles sont cachées dans l'épaisseur de la fronde (fig. 3).

2° DE LA FÉCONDATION. — L'Anthéridie s'ouvre au sommet à la maturité et laisse échapper un grand nombre de petites cellules sphériques, dans lesquelles se développent des granulations et un spiricule renflé à la base et muni vers l'extrémité de deux cils très-ténus (fig. 19), c'est l'*Anthérozoïde* qui finit par rompre les parois de la cellule et dont le rôle est, d'après M. Roze, de transporter dans le canal de l'archégone et jusqu'à la cellule germinative, les granules qui seraient les agents directs de la fécondation, et auxquels ce botaniste a donné le nom de *Spermatiophores*.

3° DU FRUIT. — Après la fécondation, la cellule germinative qui est renfermée dans la cavité de l'archégone, commence son développement. La partie inférieure se fixe au réceptacle, tandis que la partie supérieure grossit beaucoup en élargissant les parois de l'archégone et forme la *Capsule* qui s'élève ensuite au-dessus de l'archégone, portée sur un *Pédicelle* de longueur variable.

Le pédicelle des Hépatiques foliacées est ordinairement entouré de trois enveloppes : l'*Involucre*, le *Périanthe* et la *Coiffe*.

Involucre. — L'enveloppe extérieure, qui porte le nom d'involucre, est formée par les feuilles supérieures qui entourent la base du périanthe. Elles diffèrent des feuilles caulinaires par leur taille plus grande, leurs dents et leurs lobes plus prononcés et plus nombreux. Quelquefois elles sont soudées entre elles jusqu'à une certaine hauteur, ou à la base du périanthe. Dans quelques espèces, elles sont peu distinctes.

Périanthe. — C'est une enveloppe monophylle (fig. 20, p.) de forme ovale, oblongue ou subcylindrique, comprimée ou anguleuse, lisse ou plissée. Il est percé au sommet d'une ouverture large ou rétrécie, entière ou diversement lobée, dentée ou ciliée.

Le périanthe est formé d'une seule couche de cellules, d'une teinte ordinairement plus pâle que celle des feuilles. Il est presque toujours plus long que l'involucre, cependant, dans les genres *Sarcoscyphus* et *Alicularia*, il est plus court. Il manque complètement dans les *Gymnomitrium* et la plupart des Hépatiques frondacées.

Dans les genres *Saccogyne*, *Geocalyx* et *Calypogeia*, l'involucre et le périanthe sont remplacés par une seule enveloppe en forme de sac charnu et pendant, fixé latéralement à la tige. On lui donne le nom de *Réceptacle*, *Périgyne* ou *Faux-Périanthe*.

Coiffe. — Après la fécondation, la capsule se forme dans l'intérieur de l'archégone, et ce n'est que lorsqu'elle a atteint son développement, que le pédicelle s'allonge et occasionne la rupture de la paroi supérieure de l'archégone qui reste tout entier au fond du périanthe et n'est pas, comme dans les mousses, emporté en partie sur le sommet de la capsule. Cet archégone ainsi modifié constitue la *Coiffe* (fig. 20, c.). Elle est molle et hyaline; ordinairement libre et plus courte que le périanthe, quelquefois elle y adhère ou le dépasse.

Capsule. — La capsule des Hépatiques foliacées est ovale ou arrondie et s'ouvre en quatre valves (fig. 20, cp.) dressées ou étalées. Elle est portée sur un *pédicelle* (fig. 20, pd.) de longueur très-variable, dépassant presque toujours assez longuement le périanthe.

Le pédicelle est d'une texture très-molle, tandis que les parois de la capsule sont fermes et formés de plusieurs couches de cellules.

La capsule, en s'ouvrant, laisse échapper les spores qui sont entremêlés d'organes spéciaux appelés *Elatères;* ce sont des tubes à parois très-minces contenant 1 (fig. 21) ou 2 (fig. 22) fibres spirales. Les élatères sont hygroscopiques et facilitent la déhiscence de la capsule et la dissémination des spores.

Les spores sont des corps arrondis et lisses (fig. 23), présentant des papilles saillantes dans quelques espèces seulement.

Dans les Hépatiques frondacées, la capsule est quelquefois sessile et enfoncée dans l'intérieur de la fronde, sur la surface de laquelle elle forme des points noirs qui soulèvent l'épi-

derme (fig. 3). Dans d'autres espèces, elle est insérée sur un
réceptacle commun qui est longuement pédonculé (fig. 2).
Dans plusieurs genres, elle s'ouvre par une déchirure transversale plus ou moins régulière (fig. 24). Dans les *Anthoceros*,
la capsule est linéaire et s'ouvre en deux valves jusqu'au
milieu (fig. 25); il existe dans ce genre une *Columelle* ana-
logue à celle des mousses (fig. 25, c.).

4° DE LA REPRODUCTION. — Lorsque les spores se trouvent
dans des conditions convenables, elles se gonflent et don-
nent naissance, soit à une lame cellulaire ou à un bour-
geon qui en s'accroissant reproduisent une plante semblable; soit, comme dans les Mousses, à une première végétation
nommée Prothalle.

Ce mode de reproduction par les spores n'est pas le seul
qui existe dans les Hépatiques. Elles se reproduisent aussi :
1° par la destruction des parties les plus anciennes des tiges
qui laissent isolés les rameaux qui constituent ensuite chacun une plante distincte; 2° par des stolons qui se garnissent
de racines; 3° au moyen de granulations ou propagules
qu'on observe sur le bord des feuilles d'un certain nombre
d'espèces ; ces granulations se détachent et produisent une
plante semblable. Dans les *Marchantia*, les propagules sont
lenticulaires et réunis dans de larges coupes placées à la
surface du thalle.

EXPLICATION DE LA PLANCHE I.

Obs. Les figures 1, 2, 3, et 25 sont de grandeur naturelle, les autres sont
grossies.

Fig. 1. Lophocolea bidentata.
— 2. Marchantia polymorpha.
— 3. Riccia glauca.
— 4. Portion de tige de Lophocolea bidentata munie
de racines.
— 5. Portion de tige de Mastigobryum trilobatum
portant un stolon.
— 6. Cellules d'un fragment de feuille de Lophocolea
bidentata.

Fig. 7. Portion de tige de Jungermannia barbata munie de feuilles succubes.

— 8. Portion de tige de Lepidozia reptans munie de feuilles incubes.

— 9. Feuille entière de Alicularia scalaris.

— 10. Feuille dentée de Plagiochila asplenioides.

— 11. Feuille bilobée de Jungermannia obtusifolia.

— 12. Feuille lobée et ciliée de Ptilidium ciliare.

— 13. Feuille à lobes linéaires de Jungermannia trichophylla.

— 14. Portion de tige de Lophocolea bidentata portant 3 feuilles et 1 amphigastre.

— 15. Amphigastre de Lophocolea bidentata.

— 16. Epiderme de Marchantia polymorpha percé de stomates.

— 17. Anthéridie de Jungermannia albicans.

— 18. Archégones de Radula complanata (celui du milieu est fécondé et renflé).

— 19. Anthérozoïde de Riccia Bischoffii, d'après M. Roze.

— 20. c. coiffe, p. périanthe, pd. pédicelle, cp. capsule à 4 valves de Radula complanata (le périanthe est supposé déchiré pour laisser voir la coiffe).

— 21. Elatère de Frullania dilatata contenant 1 fibre spirale.

— 22. Elatère de Radula complanata contenant 2 fibres spirales.

— 23. Spore de Radula complanata.

— 24. Capsule de Reboulia hemisphærica s'ouvrant irrégulièrement.

— 25. Portion de fronde d'Anthoceros portant une capsule linéaire bivalve et munie d'une columelle (c).

CLASSIFICATION

La Sous-Classe des Hépatiques renferme les cinq familles suivantes :

I. — **Jungermanniacées.** — Plante composée d'une tige garnie de feuilles, ou plus rarement formée d'une expansion membraneuse. Capsule solitaire, pédicellée, s'ouvrant en 4 valves régulières, ou très rarement irrégulières (*Fossombronia*).

II. — **Marchantiacées.** — Les espèces de cette famille et des suivantes sont frondacées (toutes les Hépatiques foliacées appartiennent à la 1re famille). Capsules aggrégées, fixées sur un réceptacle longuement pédonculé, plissé, lobé ou muni de rayons.

III. — **Anthocerotées.** — Capsule solitaire, linéaire, s'ouvrant en 2 valves, munie d'une Columelle.

IV. — **Targioniacées.** — Involucre bivalve ; capsule solitaire, subsessile, globuleuse, s'ouvrant irrégulièrement ; pas de columelle ; élatères à 2 spires.

V. — **Ricciacées.** — Capsule sessile ou enfoncée dans la fronde, s'ouvrant irrégulièrement ; pas d'élatères.

Fam. I. — JUNGERMANNIACÉES.

Plante composée d'une tige garnie de feuilles, ou plus rarement formée d'une expansion membraneuse. Capsule solitaire, pédicellée, s'ouvrant en 4 valves régulières, ou très rarement irrégulières (*Fossombronia*).

————

CLEF ANALYTIQUE DES GENRES

1	Plante munie de feuilles	2
	Plante sans feuilles	25
2	Cap. s'ouvrant irrégulièrement ou en 4 valves irrégulières et dentées	**Fossombronia. XXIV.**
	C. s'ouvrent régulièrement en 4 valves entières	3
3	Valves n'atteignant que la moitié de la cap.	4
	Valves atteignant la base de la cap.	5
4	Elatères persistants; pér. contracté et denté au sommet.	**Lejeunia. XXII.**
	Elatères caducs; pér. bilabié, non contracté	**Madotheca. XXI.**
5	Pas de pér., f. étroitement imbriquées	**Gymnomitrium. 1.**
	Un pér. ou faux pér. libre ou soudé, dressé ou pendant	6
6	Pér. soudé à l'invol jusqu'au milieu ou au-dessus.	7
	Pér. ou faux-pér. libre	9
7	Pér. libre seulement au sommet	8
	Pér. libre depuis le milieu	**Southya. IV.**
8	F. bilobées	**Sarcoscyphus. II.**
	P. entières ou sinuées	**Alicularia. III.**
9	Un faux pér. charnu, pendant, sacciforme	10
	Pér. dressé	12
10	Faux pér. glabre	**Saccogyne. XIII.**
	Faux pér. velu, au moins au point d'attache	11
11	Faux pér. hérissé à son point d'attache	**Geocalyx. XIV.**
	Faux pér. velu tout autour	**Calypogeia. XV.**
12	Elatères persistants	**Frullania. XXIII.**
	Elatères caducs	13
13	Pér. velu; f. laciniées très-profondément	**Trichocolea. XVIII.**
	Pér. glabre	14
14	Pér. comprimé, verdâtre	15
	Pér. non comprimé, hyalin	17

Trib. I. — GYMNOMITRIÉES.

Périanthe nul ou soudé à l'involucre, fructification termi-
nale, capsule à 4 valves, feuilles succubes.

I. GYMNOMITRIUM Corda. Jungermannia Lighf. Acolea Dum. Sylloge Jung., p. 76.

Involucre composé de plusieurs feuilles imbriquées (f. 1,
d.). On trouve à l'intérieur de l'involucre 2 ou 3 folioles plus
courtes, lobées-laciniées (f. 1, e.), molles et hyalines ; elles

tiennent lieu de périanthe. Périanthe *nul*. Coiffe plus courte
que l'invol. Capsule à 4 valves nues. Elatères à 2 fibres spirales. — Plantes raides d'un vert *glauque* ou *blanchâtre* ;
feuilles ovales imbriquées, *hyalines* au sommet ; amphigastres nuls.

1 { Feuilles bilobées   **G. concinnatum.**
  { F. entières ou simplement échancrées   **G. coralloïdes.**

1 (1)[1]. **G. concinnatum** *Corda; Carrington Brit. Hep.,
fig. 2; Boulay flore crypt., p. 761 ; Lamy in Revue Bryol.,
1875, p. 37 ; Husnot Hepaticæ Galliæ, n° 51. Acolea concinnata Dum. sylloge, p. 76. Jungermannia concinnata Lightf.
Fl. Scott.; Hooker Brit. Jung., t. III.*

Plante d'un vert glauque. Tige (f. a) raide, rameuse, dichotome, dressée ou arquée, longue de 10-25 mill.; rameaux
renflés au sommet. F. distiques, étroitement *imbriquées*
(f. b), ovales, divisées jusqu'au *quart* en deux lobes aigus
(f. c), scarieuses au sommet et étroitement sur les bords ;
sinus *aigu*. F. de l'invol. plus grandes, les supérieures à
lobes dentés (f. d). Coiffe plus courte que l'invol. Pédicelle
court ; cap. sphérique. — Eté.

A C. — Sur les rochers siliceux humides des montagnes, depuis 1000 jusqu'à 2500ᵐ. — Pyrénées, Auvergne, Alpes, Vosges.

2 (2). **G. coralloïdes** *Nees ab Esenb. Europ. Leberm., I,
p. 118; Lamy in Rev. Bryol. 1875, p. 37 ; Carr. Brit. Hep.,
p. 7, fig. 3; Hus. Hep. Gall., n° 52.*

Plante grisâtre ou blanchâtre. Tige (f. a) raide, rameuse ;
rameaux souvent subfasciculés, *comprimés*, non renflés ou
sommet. F. *très-étroitement imbriquées* (f. b), ovales-arrondies, obtuses, *entières* ou *émarginées* (f. c); leur bord scarieux
et fragile se brise très-facilement, et elles paraissent ensuite
érodées ou *crénelées*. — Eté.

R R R. ou confondu avec l'espèce précédente. — Sur les rochers
des montagnes. — Pyrénées : En montant au lac glacé d'Oo et au
Tusse de Maupas (Husnot). Mont-Dore : Pic de Sancy et Dentbouche
(Lamy).

II. SARCOSCYPHUS *Corda. Nardia Gray. Marsupella Dum.*

Invol. composé de plusieurs feuilles imbriquées, les deux

---

(1) Les chiffres, placés entre parenthèses avant le nom de chaque
espèce, sont ceux qu'elle porte dans les planches jointes à cette
Flore.

supérieures soudées dans leur partie inférieure ou jusqu'au
milieu. Un *périanthe plus court* que l'invol. auquel il adhère,
excepté vers le sommet qui présente ·5-7 lobes libres (figure
4, e). Coiffe incluse. Cap à 4 valves nues. Elatères à 2 fibres
spirales. — Plantes raides d'un brun rougeâtre ou noirâtre ;
f. imbriquées ou étalées, ovales ou arrondies, *bilobées* ; pas
d'amphigastres.

1	F. étroitement et verticalement imbriquées	**S. adustus.**
	F. étalées ou lâchement imbriquées	**2**
2	Sinus atteignant le 1/4 de la f.	**3**
	Sinus ne descendant pas jusqu'au 1/4 de la f.	**4**
3	Pl. brune, lobes des feuilles aigus	**S. Funckii.**
	Pl. rouge vineux, lobes des f. obtus	**S. alpinus.**
4	F. subquadrangulaires, sinus obtus	**S. emarginatus.**
	F. orbiculaires, sinus aigu	**S. densifolius.**

1 (3). **S. adustus** *Spruce in Ann. and Mag. of Nat. Hist.
1849, vol. 3, p. 500. Gymnomitrium adustum Nees Eur. Leb., I,
p. 120. Acolea brevissima Dum. Nardia adusta Carr.*

Plante d'un rouge brun. Tige (f. a) *très-courte* (2-4 mill.).
F. peu nombreuses (4-6 paires) *étroitement et verticalement
imbriquées* (f. b), divisées jusqu'au quart en deux lobes aigus (f. c). F. supérieures de l'involucre soudées à la base.

R R R. — Pyrénées : sur les rochers du mont Olivet près Bagnères de Bigorre (Spruce).

2 (4). **S. emarginatus** *Boul. fl. crypt., p. 763 ; Jungermannia emarginata Ehr.; Hook. t. XXVII. S. Ehrarti Corda ;
Syn. Hep., p. 7 ; Hus. Hep. G., nᵒˢ 1 et 1 a; Del. et Grav.,
nᵒ 24 ; Nardia emarginata Gray; Carr. Brit. Hep., fig. 7.*

Plante d'un rouge brun ou noirâtre. Tige (f. a) raide,
émettant des stolons à la base, rameuse, de longueur très-
variable. F. lâchement imbriquées (f. b), *quadrangulaires
arrondies*, concaves, bilobées (f. c); lobes obtus, brièvement
apiculés (f. c) ou arrondis (f. d); sinus *obtus*, très-ouvert,
descendant jusqu'au 1/6 ou au 1/5 de la f. Les deux f. supérieures de l'invol. *soudées jusqu'au milieu.* Pér. (f. e) libre
seulement au sommet. — Printemps-Eté.

Var. *major Carr.; Hus. Hep. G. nᵒ 53.* — Tige raide et longue ; feuilles plus grandes, moins concaves, à bords plus réfléchis.

Var. *aquatica Nees.* — Tige très-longue ; f. ondulées, à
bords irréguliers, souvent érodées, quelquefois trilobées.

A C. sur les côteaux des plaines, C C. dans les montagnes.— Au bord des chemins, dans les bruyères et sur les rochers des terrains siliceux. — La variété *major* est commune dans les montagnes ; j'ai récolté la var. *aquatica* sur des rochers très-humides, au-dessous du lac glacé d'Oo (Haute-Garonne).

3 (5). **S. densifolius** *Nees Eur. Leb., 1, p. 131* ; *Lamy in Rev. Bryologique, 1875, p. 38* ; *Gottsche in Rab.* **Hep**. *Eur., nº 458.*

Plante brune. Tige simple ou diversement ramifiée ; les échantillons du Mont-Dore ont la tige (f. a), grêle, simple, longue de 10-15 mill. F. légèrement dressées, *imbriquées* (f. b), *orbiculaires*, divisées en deux lobes aigus ; sinus aigu n'atteignant que le 1/5 de la f. (f. c).

R R R. — Mont-Dore ; rochers de dentbouche où il croît mêlé au *Gymnomitrium concinnatum* (Lamy). Vosges : Le Hohneck (Mougeot sec. Nees).

4 (6). **S. alpinus** *Gottsche in Rabenh. Hep. Eur., nº 535* ; *Husnot Hep. Gall., nº 54.*

Plante d'un *rouge vineux* ou d'un *noir violacé*, formant des touffes *très-compactes*. Tige (f. a) raide, simple ou peu rameuse, longue d'environ 30 mill. F. inférieures et moyennes (f. b) étalées, les supérieures plus rapprochées et imbriquées, ovales-arrondies, divisées jusqu'au *quart* ou un peu plus bas en deux lobes *obtus* (f. c) ; sinus subobtus.

R R R. — Sur les rochers des hautes montagnes. — Pyrénées : Hospice de Vénasque sec. Gottsche l. c., (c'est plus probablement entre l'Hospice et le Port qu'aux environs de l'Hospice) ; en montant au Port de la Glère (Husnot). Alpes : Le Mont-Blanc (Payot).

5 (7). **S. Funckii** *Nees Eur. Leb., 1, p. 135* ; *Boul., p. 765* ; *Hus. Hep. G., nº 55* ; *Del. et Grav., nº 22. Jungermannia Funckii Web. et Mohr.* ; *Ekart syn. Jung., t. XIII. f. 112. Nardia Funckii Carr. Brit. Hep.*

Plante brune ou noirâtre. Tige (f. a) courte, peu rameuse, longue de 5-15 mill., dépourvue de stolons, peu dénudée à la base. F. dressées-étalées (f. b), les supérieures lâchement imbriquées, ovales-arrondies, divisées jusqu'au *tiers* en deux lobes *aigus* (f. c) ; sinus *aigu*. Les deux f. supérieures de l'invol. sont soudées *à la base seulement*. — Printemps — Eté.

A C — Au bord des sentiers, dans les bruyères et sur les rochers siliceux, principalement dans les montagnes.

III. ALICULARIA *Corda. Nardia Gray. Mesophylla Dum.*

Les f. supérieures de l'invol. sont soudées et le pér. y est adhèrent, excepté vers le sommet qui est divisé en plusieurs lobes libres (fig. 9, e). — Ce genre ne diffère du précédent que par le port, les f. *entières* ou *sinuées*, et la présence d'amphig. qui manquent assez souvent.

1	Plante terrestre, tige courte, f. orbiculaires.	**A. Scalaris.**
	Pl. aquatique, tige allongée, f. réniformes	**A. compressa.**

1 (9). **A. Scalaris** *Corda; Boulay, p. 766; Hus. Hep G., n° 56; Jungermannia scalaris Schrad.; Hook. Brit. Jung., t. LXI. Nardia scalaris Gray; Carr. Brit. Hep., fig. 8.*

Plante *terrestre*, verte. Tige (f. a) couchée, redressée au sommet, simple ou peu rameuse, longue de 10-20 mill. F. dressées, imbriquées (f. b), *orbiculaires*, entières (f. c) ou superficiellement émarginées. Amphig. assez nombreux dans la partie supérieure des tiges, *ovales-triangulaires* (f. d) ou lancéolés, entiers ou dentés. F. de l'invol. plus grandes, à 2 lobes courts, arrondis; les deux supérieures (f. e), soudées jusqu'au 2/3, entières ou brièvement bilobées. Pér. adhérent à l'invol., excepté au sommet qui présente 5 lobes oblongs et libres. — Print.

Var. *major Lind.; Husnot. Hep. Gal., n° 57.* — Tige plus longue, ascendante; f. de l'inv. entières ou émarginées.

A C. — Sur la terre, au bord des chemins et dans les rochers des terrains siliceux des plaines et des montagnes.

2 (8). **A compressa** *G. L. et Nees Syn. Hep., p. 12; Spruce, l. c., p. 504; Boulay, p. 767; Del. et Gr. Hep. Ard., n° 11; Hus. Hep. G., n° 58 a, b et c. Jungermannia compressa Hook. Brit. J., t. LVIII. Nardia compressa Gray; Carr., fig. 9. Mesophylla compressa Dum.; Cogniaux Hép. de Belgiq., p. 42.*

Plante *aquatique*, rougeâtre ou noirâtre dans l'intérieur des touffes, d'un vert grisâtre au sommet des rameaux. Tige (f. a) *comprimée*, rameuse, longue de 40-80 mill. F. dressées **verticalement** et appliquées l'une contre l'autre de chaque côté des tiges, ce qui les rend comprimées (f. b.), *réniformes*, entières ou sinuées (f. c). Amph. rares, ovales ou subulés. Feuilles de l'involucre plus larges. Pér. quadrilobé. — Printemps — Eté.

R R. —Sur les pierres dans les ruisseaux des contrées montagneuses. — Pyrénées : Gorge de Cauterets (Spruce) ; entre Melle et le Col d'Aouéran, département de l'Ariége (Husnot). Ardennes françaises : Revin (Bescherelle); abondant à Linchamps, la Neuville-aux-Haies et Vieux-Moulin près les Hauts-Butteaux (Gravet). — Belgique : abondant à Villerzie et à Louette-Saint-Pierre (Gravet) ; Malmédy (Libert) ; à la barrière de Warinsart et à Neufchâteau (Verheggen).

IV. SOUTHBYA *Spruce, in Annals and Mag. of. Nat. hist., 1849, vol. III, p. 501. Jungermannia Auct. Nardia Carr.*

Invol. composé de plusieurs feuilles imbriquées, les deux supérieures soudées ensemble jusqu'au milieu. Pér. *rétréci* à l'orifice, *égalant* ou *dépassant* l'involucre, auquel il est *adhérent* excepté dans sa moitié ou son tiers supérieur qui est libre. Coiffe incluse. Elatères à 2 fibres spirales. — Plantes vertes ou rougeâtres, garnies de radicules nombreuses ; f. entières, ovales ou orbiculaires ; amph. nulles ou rares.

1	Radicules rouges	**S. obovata.**
	Radicules hyalines	**2**
2	F. ovales, pér. à **2** plis	**S. tophacea.**
	F. orbiculaires, pér. à plus de **2** plis	**S. hyalina.**

1 (10). **S. tophacea** *Spruce, l. c , p. 501, t. III. Jungermannia tophacea Spr. Hep. Pyr.; Dum. Hep. Eur., p. 133.*

Plante verte. Tige (f. a) simple, rarement bifurquée, longue de 6 à 15 mill., garnie de longues radicules *pâles*. F. dressées, imbriquées (f. b), *ovales* ou *ovales-oblongues* (f. c), arrondies au sommet, très-entières. Les amphigastres de l'involucre sont ovales-lancéolés, ils manquent complétement sur le reste de la tige. F. de l'involucre plus grandes que les feuilles caulinaires, dentées au sommet ; les deux supérieures sont soudées jusqu'au milieu (f. d). Pér. (f. d) libre dans la moitié supérieure, égalant l'involucre ou le dépassant un peu, *comprimé et bilabié*, ne présentant que *deux* plis marquant la suture des deux feuilles qui le composent.

R R R. — Sur les murs et les rochers humides dans les basses vallées des Pyrénées occidentales : Dans la ville de Pau, et au-dessus des villages de Jurançon et de Gélos (Spruce l. c., où j'ai pris la description ci-dessus et la f. 10 de la Pl. II.).

9 (11). **S. obovata** *Dum. Hep. Eur., p. 133. Jungermannia obovata Nees; Boulay, p. 785; Lamy, l. c., p. 39. Nardia obovata Carr. Brit. Hep., p. 32, fig. 35.*

Plante d'un vert rougeâtre ou violacé. Tige (f. a) simple ou rameuse, longue de 10-30 mill., garnie de nombreuses radicules de couleur *rouge violacé*. F. concaves à la base, étalées (f. b), les supérieures imbriquées, *ovales-arrondies* (f. c),

entières. F. supérieures de l'involucre (f. d) longuement soudées entre elles et avec le périanthe ; la partie libre est étalée et *égalerait* le pér. si elle était redressée. Pér. libre dans
le tiers ou la moitié supérieure, obovale, *plissé*, lobulé à l'ori-
rifice. — Print.

R. — Sur les rochers humides et dans les marais des montagnes.
— Cévennes : Espéron, Mont-Lozère (Boulay) ; Valat des Pichoux
(Prost). Mont-Dore : Marais de la Dore, et entre le Sancy et le Val
d'Enfer, C. en ces deux endroits (Lamy). Vosges : Hohneck, cascade du Chaufour (Mougeot) ; Rochesson (Pierrat) ; Ballon de Servance, Blanchemer, environs du lac des Corbeaux (Boulay).

3 (12). **S. hyalina.** *Jungermannia hyalina Lyell in Hook.*
Brit. Jung.*, t. 63 ; **Spr.** l. c., vol. **IV**, p. 107 ; Boulay, p. 786 ;*
Hep. G. *n*os *59 et 60 ; Del. et Gravet Hep. Ard., n° 51. **Nardia***
hyalina Carr. *l. c., p. 35, fig. 36. Aplozia hyalina Dum., p. 58.*

Plante d'un vert pâle. Tige (f. a), rampante, ordinairement rameuse, longue de 5-20 mill., garnie de nombreuses
radicules *hyalines*. F. des tiges stériles espacées, celles des tiges
fertiles rapprochées, dressées-imbriquées (f. b), concaves, orbiculaires (f. c) quelquefois plus larges que longues, entières
ou très-superficiellement émarginées. F. supérieures de
l'involucre soudées jusqu'au milieu, la partie libre étalée
et ondulée aux bords. Pér. (f. d) pâle, obovale, fortement
plissé, adhérent à l'involucre jusqu'au milieu, libre dans la
partie supérieure qui dépasse *du tiers* l'involucre. — Print.

R. — Sur les rochers du bord des ruisseaux, plus rarement sur
la terre. — Pyrénées : Vallée de Castelloubon, Gorge de Labassère
(Spruce). Haute-Vienne (Lamy), C. au Mont-Dore (Lamy). Meudon,
Fontainebleau (Bescherelle). Doubs : Lomont et Saint-Hippolyte
(Quélet). Le Hohneck (Mougeot). Belgique : Les Hayons (Delogne).

Var. *major Nees; Hus. Hep. G. n° 59.* — Plante plus grande,
f. plus larges et plus ondulées.

Var. *minor Nees ; Hep. G. n° 60.* — Tige courte, f. moins
ondulées et plus pâles.

Trib. II. — JUNGERMANNIACÉES.

Périanthe libre, fructification terminant la tige ou un rameau latéral distinct, capsule à 4 valves, f. succubes.

V. PLAGIOCHILA *Dum. Rec. d'obs. sur les Jung.,*
p. 14 ; Lind. Sp. Hep.

Invol. composé de deux f. semblables aux f. caulinaires et
un peu plus grandes. Pér. **plus long** que l'involucre, *libre,*

lisse, comprimé, tronqué obliquement, *non rétréci* à l'orifice qui est sinué ou denté. Coiffe incluse. Elatères à 2 fibres spirales. — Plantes vertes ou jaunâtres ; f. ovales ou orbiculaires, entières ou dentées ; amph. nuls.

1	f. munies de 3-12 dents grandes et espacées	**P. spinulosa.**
	f. entières ou à dents nombreuses	**2**
2	Tige feuillée jusqu'à la base, pér. ordinairement sinué	**P. interrupta.**
	Partie inférieure de la tige formant un rhizôme garni d'écailles, pér. cilié	**P. asplenioïdes.**

1 (13). **P. spinulosa** *Dum. l. c., p. 15 ; Lind. Sp. Hep. t. I ; Syn., p. 25 ; Boulay. p. 770 ; Cogn. Hep. Bel., p. 23 ; Husn. H. G., n° 2 ; Del. et Grav., Hep. Ard., n° 1. Jungermannia spinulosa Dicks. ; Hook., t. XIV.*

Plante d'un vert foncé ou jaunâtre. Tige (f. a) rameuse, longue de 20-40 mill. F. (f. b) étalées, décurrentes, ovales, portant sur le bord antérieur et au sommet *4-12 dents très-saillantes.* Pér. (f. c) placé latéralement ou à la bifurcation des rameaux, *oblong-arrondi, denté* à l'orifice. — Print.

Var. *tridenticulata* Hook. — Plante plus grêle, f. ne présentant que 2-3 dents au sommet (f. d).

Var. *minuta* Mack. ; *P. punctata Tayl.* — Plante petite, touffes plus compactes, rameaux supérieurs flagelliformes, f. moins décurrentes, ponctuées.

R. Sur les rochers siliceux frais ou ombragés. — Normandie : Rochers des Gastés dans la forêt d'Alençon, cascade de Mortain, Courbonnet et la Brèche-au-Diable près Falaise (Brébisson). Bretagne : Brest (Crouan) ; le Mont-Dol, Port Picquin près Cancale, Saint-Malon, fontaine de Baranton dans la forêt de Paimpont (Gallée) ; Dinan (Mabille). Vosges : Au-dessus de Moussey (Lemaire). Belgique : Frahan (Delogne).

2 (14). **P. interrupta** *Dum. l. c., p. 15 ; Lind., Sp., t. XII ; Syn., p. 48 ; Carr., p. 52 et fig. 11 ; Boul., p. 769 ; Cogniaux, p. 23 ; Del. et Gravet Hep. Ard., n° 12 ; Jungermannia interrupta Nees.*

Plante verte ou jaunâtre. Tige (f. a) couchée, rameuse, longue de 10-25 mill., *feuillée jusqu'à la base.* F. (f. b) *lâchement imbriquées*, décurrentes, ovales, arrondies au sommet ou subquadrangulaires, *entières* ou superficiellement émarginées. Pér. (f. c) *oblong, sinué* à l'orifice.

R. — Sur la terre et les rochers calcaires frais. — Alpes : Taillefer près Grenoble (Ravaud). Est : L'Enfer près de Neufchâteau, vallon de Flumen près Saint-Claude, Suchet (Boulay). Belgique :

Malmédy (Libert); Frahan (Delogne); Neufchâteau, Grapfontaine (Verheggen).

Var. *Pyrenaica*; *P. Pyrenaica Spr. l. c., vol. IV, p. 104.* — F. des rameaux stériles portant ordinairement 1 ou 2 dents au sommet, orifice du pér. muni de dents aiguës.

Dans les Pyrénées occidentales : Gave de Valentin, Mont Goursi ; et dans les Pyrénées centrales : V. de Gazos, Grottes de Bédat, Superbagnères (Spruce l. c.).

3 (15). **P. asplenioides** *Dum., l. c., p. 14*; *Lind. Sp. Hep., t. 23*; *Syn., p. 49*; *Boul., p. 768*; *Husn Hep. G.,* n°s *3 et 4. Jungermannia asplenioides L.; Hook., t. XIII.*

Plante verte ou un peu jaunâtre. Tige (f. a) de longueur très-variable (15-100 mill.), ordinairement rameuse; la partie inférieure forme un *rhizôme* garni d'écailles. F. étalées, décurrentes, obovales-arrondies, entières (f. b) ou denticulées (f. c), planes ou à bords réfléchis. Pér. (f. d) oblong ou obconique, plus long et plus saillant que dans les espèces précédentes, *cilié* à l'orifice. — Print.-Eté.

Var. *major Lind.* — Tiges très-longues en touffes lâches ; f. étalées presque horizontalement, planes; pér. obconique.

Var. *minor Lind.* — Tiges courtes en touffes compactes ; f. dressées, rapprochées, subsecondes, à bords réfléchis.

Var. *humilis Lind.* — Tiges grêles et courtes en touffes compactes ; f. dressées, à bords réfléchis et entiers.

C. — Sur la terre et au pied des arbres dans les haies, les forêts et les rochers. Les var. *minor* et *humilis* sur les côteaux pierreux et les rochers.

VI. SCAPANIA *Dum. Rec. d'Obs. sur les Jung., p. 14. Candollea Raddi Jung. Etr., p. 6. Plagiochila Mont. et Nees.*

Involucre composé de deux f. *libres*, peu distinctes, un peu plus grandes que les f. caulinaires. Pér. *plus long* que l'invol., *lisse* ou rarement plissé, *comprimé*, ordinairement *courbé* au-dessous de l'orifice qui est tronqué et *non rétréci*, entier ou cilié. Coiffe incluse. Elatères à 2 fibres spirales. — Plantes vertes ou rougeâtres; f. bilobées, le lobe inférieur ou ventral plus grand et recourbé en dessous; pas d'amphigastres.

1 {	Lobes des f. égaux ou subégaux	**2**
	Lobes très-inégaux dans les f. inférieures et moyennes	**4**
2 {	Lobes orbiculaires-obtus	**3**
	Lobes ovales-aigus	**S. æquiloba II.**

3 { Lobe dorsal ou supérieur étalé, non ondulé .... S. compacta I.
  { Lobe supérieur dressé ou étalé-ondulé .... S. subalpina III.

4 { Lobes entiers 5
  { Lobes dentés 8

5 { Lobe sup. convexe-réniforme n'égalant que 1/4
  {   de l'inf. .... S. uliginosa V.
  { Lobe sup. égalant au moins la moitié de l'inf. 6

6 { Lobe inf. orbiculaire-arrondi .... S. undulata IV.
  { Lobe inf. aigu ou subaigu 7

7 { Lobe sup. 2 fois plus long que large .... S. apiculata X.
  { Lobe sup. presque aussi large que long .... S. irrigua VI.

8 { Plante aquatique ... . S. undulata IV.
  { Plante non aquatique 9

9 { Dents des f. très-nombreuses, rapprochées .... S. nemorosa VII.
  { Dents peu nombreuses, espacées 10

10 { Périanthe cilié .... S. curta IX.
   { Périanthe entier ou sinué 11

11 { Lobes très-distinctement dentés .... S. umbrosa VIII.
   { Lobes sinués ou superficiellement dentés ...... S. apiculata X.

1 (16). S. compacta *Dum. l. c., p. 14; Syn. Hep., p. 63; Boulay, p. 771; Spruce l. c., p. 105; Cogniaux Hep. Belg., p. 20; Hus. Hep. G., n°ˢ 26, 26 a et 26 b; Del. et Grav. Hep. Ard., n° 23; Roze et Besch., n° 176. Jungermannia compacta Roth. J. resupinata Web. et M.; Hook. Brit. Jung. t. XXIII.*

Plante verte. Tige (f. a) couchée, redressée au sommet, simple ou peu rameuse, longue de 15-30 mill. F. étalées (f. b), à deux lobes *presque égaux, orbiculaires, obtus, entiers* (f. c), ou l'inférieur denticulé (f. d). Pér. (f. e) *sinué* à l'orifice. — Print.

Sur la terre et les rochers, au bord des chemins et dans les bois, quelquefois sur les murs. — A C. dans l'Ouest et les Pyrénées. R R. dans l'Est: Le Hohneck (Boulay); Rochesson (Pierrat). A C. en Belgique.

2 (17). S. æquiloba *Dum. l. c., p. 14; Syn. Hep., p. 64; Boulay, p. 772; Cogn. Hep. B., p. 20; De Not. App., t. II, fig. 11; Gottsche in Rab. Hep. Eur.; Husn. Hep. G., n° 61. Jungermannia æquiloba Schw.*

Plante verte ou brune. Tige (f. a) *dressée*, rameuse, longue de 20-50 mill. F. étalées (f. b), à 2 lobes presque égaux, *ovales, aigus, denticulés* (f. c); le lobe dorsal embrassant la tige par une oreillette arrondie. Pér. (f. d) allongé, *cilié à l'orifice.*

A R. — Sur les rochers et les cavités des pierres dans les bois,

— Pyrénées : Forêt de Superbagnères près Luchon (Husnot).
Haute-Vienne : sur plusieurs points de la chaîne de montagnes qui
s'étend de Berssac à St-Sulpice-Laurière (Lamy). Rochers de la
Vabre près Mende, répandu sur les rochers calcaires de toutes les
collines un peu ombragées dans le midi, mont Ventoux (Boulay).
Savoie (Puget). C. dans tout le Haut-Jura (Boulay). Belgique : Les
Hayons (Delogne) ; Bouvins (Lecoyer) ; Ways (Cogniaux).

3 (18). S. subalpina Dum. l. c., p. 14 ; Syn. Hep., p. 64.
Jungermannia subalpina Nees in Lind. Syn., p. 55 ; Ekart
Syn. J., t. XI, fig. 94.

Tige (f. a) dressée, rameuse. F. (f. b) divisées en 2 lobes
suborbiculaires, dressés, embrassant la tige, denticulés ou
crénelés.

Var. undulifolia Syn. Hep., p. 65 ; Gottsche in Rab. Hep.
Eur., n° 465. — Tige garnie de radicules ; f. plus larges, à
lobes ondulés, étalés, peu-dentés (f. c).

R R R. — Le type n'a pas été trouvé en France, la variété est
indiquée au Canigou (Pyrénées) par M. Schimper.

Obs. J'ai pris dans Ekart les fig. a et b, et dans les Hep. de
Gottsche et Rab. la fig. c.

4 (19). S. undulata Dum. l. c., p. 14, Syn. Hep., p. 65 ;
Boulay, p. 773 ; **Hus. Hep. G.**, n°s 5, 62, 63, 64. Jungermannia
undulata Linné ; Hook. Brit. J., t. XXII.

Plante verte ou rougeâtre. Tige (f. a) raide, noire, dénudée
à la base, rameuse, longue de 20-100 mill. Feuilles
espacées dans la partie inférieure des tiges, rapprochées
et imbriquées vers le sommet, ondulées et crépues à l'état
sec, divisées en 2 lobes inégaux, entiers (f. c) ou. denticulés
(f. d) ; l'inférieur obové, le supérieur plus arrondi et moitié
plus petit (f. c), excepté dans les f. supérieures où les 2 lobes
sont moins inégaux. Pér. (f. e) dépassant longuement l'invol., sinué à l'orifice. — Print.-Eté.

Cette espèce présente un grand nombre de variétés.
La forme à tige robuste et à f. entières et vertes consti-
tuant le type, nous signalerons seulement les formes suivantes :

Var. purpurea Nees ; Hep. G., n° 62. — Plante d'un rouge
plus ou moins foncé, f. entières.

Var. minor Lamy. ; Hep. G., n° 63. — Plante verte, tige
très-courte (8-15 mill.), f. entières.

Var. resupinata Lind. — F. denticulées ou ciliées, tige
faible.

Var. speciosa Nees ; Hep. Gall., n° 64. Tige allongée, longuement dénudée ; f. denticulées.

Sur les pierres dans les ruisseaux et sur les rochers siliceux humides. — C. dans les montagnes, plus R. dans les collines peu élevées.

5 (20). **S. uliginosa** *Dum. l. c., p. 14; Syn. Hep., p. 67; Boul., p. 774; Lamy in Rev. Br., 1875, p. 38. Jungermannia uliginosa Sw.; Nees Eur. Leb., I, p. 198.*

Plante d'un vert sombre ou rougeâtre. Tige (f. a) souvent flottante, peu ou point dénudée à la base, rameuse, longue de 30-80 mill. F. espacées (f. b), à 2 lobes *très-inégaux, entiers*, le supérieur n'égalant que le *quart* de l'inférieur (f. c) ; lobe inférieur orbiculaire, le supérieur *réniforme*. Pér. (f. d) *entier*.

R R R. — Sur du sable humide, au bord d'une source voisine du marais de la Dore (Lamy). Vosges inférieures (Mougeot).

6 (21). **S. irrigua** *Dum. l. c., p. 14; Syn. Hep., p. 67; De Notaris App., t. I, fig. 5; Boul., p. 775; Cogniaux Hep. Bel., p. 21; Del. et Grav. Hep. Ard., n° 28. Jungermannia Nees Eur. Leb., I, p. 193.*

Plante d'un vert tendre ou jaunâtre. Tige (f. a) rampante, rameuse, longue de 20-60 mill. F. du milieu de la tige espacées (f. b), celles du sommet rapprochées, divisées en 2 lobes inégaux, *entiers* ou l'inférieur légèrement sinué ; le supérieur *moitié* plus petit, tous les deux terminés au sommet par une *pointe courte et obtuse* (f. c). Pér. (f. d) ovale, *plissé, denté* à l'orifice. — Print. - Eté.

R. — Parois des fossés, rigoles des prairies, marais, bords humides des sentiers. — Hautes-Cévennes : Aigoual, Mont-Lozère (Boulay). Haute-Vienne : Condadille, Saint-Sulpice-Laurière (Lamy). Mont-Dore : Marais de la Dore (Lamy). Alpes : Les Sept-Laux (Ravaud) ; marais des Lossy au pied des Voirons (Müller). Vosges : Vosges inférieures (Mougeot) ; Corcieux (Boulay) ; les Plateaux (Pierrat) ; Bois de la Garenne près Sedan (Montagne). Belgique : Louette-Saint-Pierre, Rienne (Gravet).

7 (22). **S. nemorosa** *Dum. l. c., p. 14; Syn. Hep., p. 68; Boulay, p. 775; Cogn. Hep. Bel., p. 21; Hep. G., n°s 6 et 27. J. nemorosa L.; Hook. Brit. J., t. XXI.*

Plante croissant en touffes compactes, d'un vert brunâtre ou violacé. Tige (f. a) dressée, rameuse, longue de 30-60 mill. F. rapprochées (f. b) et souvent imbriquées surtout dans la partie supérieure, divisées en 2 lobes inégaux, *dentés-ciliés* sur tout le contour (f. c), ovales, *obtus*, le supérieur moitié plus petit. Pér. (f. d) oblong, *cilié* à l'orifice. — Print.

A C. — Sur la terre et les rochers dans les bois des côteaux et des montagnes.

(23). Var. *intermedia* ; **Hep. Gall.**, *n° 65.*

Plante intermédiaire pour la taille et les caractères entre les *S. nemorosa* et *umbrosa*. Ses feuilles (f. a), plutôt aiguës qu'obtuses, sont munies sur presque tout le contour de dents assez nombreuses. Le pér. est plus ou moins denté (f. b et c).

C'est M. Lamy de la Chapelle, dont la collaboration m'a été si utile pour toutes mes publications bryologiques, qui a trouvé, sur la terre qui recouvre un rocher dans un ravin qui débouche sur la vallée du Mont-Dore, cette plante publiée dans les Hep. Gall.

8 (24). **S. umbrosa** *Dum., l. c., p. 14 ; Syn. Hep., p. 69 ; Boulay, p. 776 ; Lamy in Rev. B., 1875, p. 39 ; Hus. Hep. G., n° 66. J. umbrosa Schrad.; Hook. Brit. J., t. XXIV.*

Plante verte formant des touffes compactes. Tige (f. a) rameuse, courte (8-15 mill.). F. rapprochées (f. b), imbriquées dans la partie supérieure, divisées en 2 lobes inégaux, *aigus*, garnis de dents *peu nombreuses* et espacées (f. c) ; l'inférieur est oblong et le supérieur ovale égalant à peine la moitié de l'inférieur. Pér. (f. d) comprimé, allongé, *entier*.

A R. — Sur les troncs pourris dans les bois et plus rarement sur les rochers siliceux ombragés des montagnes. — Pyrénées : Pont d'Espagne, Crabioules, R. (Spruce); vallée du Lys (Husnot). Haute-Vienne: Bord de l'étang de Gouillet près Grammont (Lamy). C. au Mont-Dore (Lamy). Alpes : Villard-de-Lans, Prémol, Lautaret (Ravaud). C. dans les forêts des Hautes-Vosges (Boulay).

9 (25). **S. curta** *Dum. l. c., p. 14 ; Syn. Hep., p. 69 ; Boul., p. 776 ; Cogn., p. 22 ; Lamy in Rev. B., 1875. J. curta Mart.; Ekart, t. XI, fig. 89.*

Plante d'un vert pâle. Tige (f. a), simple ou peu rameuse, courte (8-20 mill.). F. rapprochées (f. b), divisées en 2 lobes inégaux, ovales, *aigus*, garnis dans les f. moyennes et supérieures de *quelques dents espacées* (f. c) ; le supérieur moitié plus petit que l'inférieur. Pér. (f. d) comprimé, *cilié*.

R R. — Sur la terre argileuse du bord des chemins et sur les rochers schisteux dans les bois. — Haute-Vienne : Saint-Sulpice-Laurière (Lamy). Est : Le Salève près Genève (Müller) ; Fesches, Etupes, Voujaubourt (Quélet); Fénétrange, l'Argonne (Boulay). Belgique : Visé, Heure-le-Romain (Hardy); Neufchâteau (Verheggen) ; Louette-Saint-Pierre (Aubert).

10 (26). **S. apiculata** *Spruce in Annals and Mag. of Nat. Hist., 1849, vol. IV, p. 106 ; Gottsche et Rab. Hep. Eur., n° 293.*

Plante de couleur pâle ou brune. Tige courte, simple, couchée, redressée au sommet. F. (f. a) imbriquées, divisées èn 2 lobes ovales-rhomboïdaux, *peu inégaux, apiculés, sinués*. Pér. (f. b) oblong, comprimé, sinuolé à l'orifice.

R R R. — Sur les troncs pourris dans les forêts élevées. — Pyrénées : Vallée de Béost près Laruns et cascade du Cœur près Luchon (Spruce).

VII. JUNGERMANNIA *L.*

Invol. composé de f. ordinairement plus grandes et plus dentées que les f. caulinaires. Pér. *terminal*, plus long que l'invol., libre, *plissé* et *contracté* à l'orifice qui est lobé ou denté. Coiffe incluse. Cap. divisée jusqu'à la base en 4 valves régulières. Elatères à 2 fibres spirales.—Plantes de couleurs diverses; f. entières, lobées ou laciniées; des amphigastres dans une partie des espèces (1).

Section F. Complicatæ Nees.; *Diplophyllum* Dum. — F. à 2 lobes inégaux, lobe supérieur ou dorsal plus petit ; les 2 lobes appliqués l'un contre l'autre ou fortement redressés (ce qui rend, dans ce cas, la feuille très-concave). Pas d'amphigastres.

1 (27). **J. albicans** L. *Sp. Pl.*; *Hook. Brit. J.*, *t. XXV* ; *Hus. Hep. G.*, *n° 7. Diplophyllum albicans Dum.*

Plante verte ou jaunâtre. Tige (f. d) stoloniforme à la base, dressée dans la partie supérieure, simple ou bifurquée, longue de 10-40 mill. F. rapprochées (f. b), divisées en deux lobes inégaux, *oblongs*, arrondis ou apiculés, *dentés* au sommet ; le supérieur est moitié plus petit et appliqué contre l'inférieur; l'un et l'autre *présentent plusieurs séries de cellules allongées* partant du milieu de la base, se terminant au-dessous du sommet et simulant *une nervure* (f. c). F. de l'invol. (f. d) plus fortement dentées, courbées en dehors. Pér. (f. d) obovale, plissé, lobulé, dépassant longuement l'invol. Capsule ovale. Fleurs mâles formant, au sommet des rameaux, des épis faciles à reconnaître à leurs feuilles concaves et rougeâtres. — Print.

C C. — Sur la terre du bord des chemins et les rochers dans les bois des terrains siliceux.

Var. *taxifolia* Nees. *J. taxifolia* Wahl.— Nervure rudimentaire ou nulle.

Rochers des montagnes.—Pyrénées : Bagnères-de-Luchon (Husnot). Vosges (sec. Dumortier).

(1) La clef analytique des espèces du genre Jungermannia sera publiée à la fin de ce genre.

2 (28). **J. Dicksoni** *Hook. Brit. J., t. XLVIII; De Brébisson Hep. de la Normandie, p. 6; Syn. Hep., p. 77; Lamy in Rev. Br., 1875; Hus. Hep. G., n° 29. Diplophyllum Dum.; Cogn. Hep. B., p. 24.*

Plante verte. Tige (f. a) rameuse, longue de 8-20 mill. F. rapprochées (f. b), divisées en 2 lobes inégaux *aigus*, étalés ou ascendants, *crénelés* dans le tiers supérieur; l'inférieur ovale, le supérieur lancéolé et moitié plus petit (f.-c). F. de l'invol. (f. d), *dressées* verticalement, *longuement acuminées*, présentant au-dessous du sommet 2 ou 3 grosses dents de chaque côté, crénelées sur le bord supérieur. Pér. (f. e) ovale, portant des plis nombreux et profonds. — Automne.

R R R. — Sur les rochers ombragés parmi les mousses.—Haute-Vienne : Entre Berssac et Saint-Sulpice-Laurière (Lamy). Manche : Forêt de Mortain (De Brébisson, 1831). Ardennes liégeoises (Libert).

3 (29). **J. obtusifolia** *Hook. Brit. J., t. XXVI; Syn. Hep., p. 76; Boul., p. 780; Lamy in Rev. Br., 1875. Cog. Hep. B., p. 24; Hus. Hep. G., n° 28. Diplophyllum Dum.*

Plante verte ou rouge. Tige (f. a) très-courte (3-6 mill.), rameuse à la base, couchée, redressée au sommet. F. rapprochées (f. b), divisées en 2 lobes inégaux ; l'inférieur *liguliforme*, obtus, *denticulé* au sommet; le supérieur au moins moitié plus petit, ovale, *denticulé* au sommet (f. c). F. de l'inv. (f. d) dressées ou un peu étalées. Pér. (f. d) ovale, plissé, lobulé. Capsule subglobuleuse. — Print.

A R: — Sur la terre sablonneuse, au bord des sentiers dans les bois et les bruyères.—Pyrénées : Saint-Sever, Cauterets, Bagnères-de-Bigorre, Port du Portillon (Spruce). Sommet du Mont-Lozère (Boulay). Mont-Dore : Le Sancy (Lamy). Haute-Vienne : Château-ponsat, Thias, Chanteloube, Cintrat, entre Saint-Sulpice et Berssac, Le Breuil près Verneuil (Lamy). Dans les Hautes-Vosges, où il est C., dans les Faucilles près de Darney, sur les grès verts de l'Argonne (Boulay). Belgique : Rooborst (Kickx) ; Maeseyck (Cogniaux); Hallembaye (Marchal); Argenteau (Tilman) ; Visé, Montbliart (Hardy) ; Beauwelz (Lecoyer) ; Louette-Saint-Pierre, Orchimont (Gravet).

4 (30). **J. exsecta** *Schm.; Hook. Brit. J., t. XIX, et suppl. t. I ; De Brébisson Hep. de la Norm., p. 6 ; Syn. Hep., p. 77 ; Boulay, p. 781 ; Lamy in Rev. Br., 1875 ; Cogn. Hep. B., p. 29; Hus. Hep. G., n° 30.*

Plante brune, rarement verte. Tige (f. a) couchée, simple ou rameuse, longue de 8-15 mill. F. rapprochées, étalées (f. b) ; celles du milieu de la tige divisées en 2 lobes *très-*

inégaux, *aigus* (f. c), le plus grand *ovale*, entier, émarginé ou quelquefois bilobé, le plus petit *lancéolé,* entier ; dans les feuilles supérieures, les deux lobes sont souvent presque égaux (f. d). F. de l'inv. (f. e) dressées, divisées en 3-4 lobes aigus. Pér. (f. f) oblong, subcyclindrique, plissé au sommet, dépassant longuement les f. de l'involucre. — Print.

A R. — Coteaux pierreux, bruyères, rochers, bords des chemins creux, rarement sur les troncs pourris. — Pyrénées : Pic de Ger (Spruce). Mont-Lozère (Boulay). Mont-Dore : rochers du Sancy (Lamy). Haute-Vienne : entre Berssac et Saint-Sulpice-Laurière (Lamy). Normandie : Mortain, Falaise, Alençon (De Brébisson). Env. de Paris : Meudon (Brongniart); Fontainebleau, Verrières (Bescherelle). Est : Bresoir, Hohneck, Bruyères (Mougeot) ; disséminé dans toutes les Vosges (Boulay). Belgique : Corbion (Delogne).

5 (31). **J. minuta** *Crantz ; Hook. Brit. J., t. XLIV ; Syn. Hep., p. 120 ; Boulay, p. 782 ; Lamy in Rev. Br., 1875 ; Hus. Hep. G., n° 35. Diplophyllum Dum.; Cogn. Hep. B., p. 24.*

Plante brune. Tige (f. a) rameuse, grêle, longue de 10-50 mill. F. étalées ou légèrement dressées, peu serrées (f. b), *raides, concaves,* largement ovales, divisées jusqu'au tiers en 2 lobes *presque égaux* (f. c), entiers, aigus ou subobtus ; sinus aigu. F. de l'inv. dressées, imbriquées, 3-4 lobées. Pér. *ovale-renflé,* plissé.

A R. — Sur les rochers parmi les mousses et dans les bruyères. —Pyrénées centrales: A C. (Husnot). Cévennes : La Vabre (Prost). Haute-Vienne : A l'extrémité de l'étang de la Pêcherie près de la Croisille (Lamy). Normandie : Bourberouge près Mortain, Alençon et Roche-d'Oître (Orne), Falaise (de Brébisson). Alpes : la Moucherolle (Ravaud) ; vallon de Ségur dans le Queyras (Husnot). Haut-Jura : Faucille, Dôle, Salève (Müller). C. dans les Hautes-Vosges (Boulay). Ardennes : La Neuville-aux-Hayes (Gravet). Belgique : Verviers (Lejeune) ; Neufchâteau, Petit-Voir (Verheggen); Bouillon (Delogne) ; Villerzie (Gravet).

Sect. II. COMMUNES Nees.—F. entières ou à plusieurs dents ou lobules égaux, subhorizontales ou dressées. Des amph. dans un certain nombre d'espèces et manquant dans d'autres.

Subsect. 1. *Integrifoliæ* Nees. *Coleochila* et *Aplozia* Dum. F. entières, orbiculaires ou oblongues.

A. *Des Amphigastres.*

6 (32). **J. Taylori** *Hook. Brit. J., t. LVII ; Syn. Hep., p. 82; Cog. Hep. Bel , p. 26. Coleochila Dum.*

Plante verte ou rougeâtre. Tige (f, a) dressée, simple ou

3

peu rameuse, longue de 20-60 mill. F. (f. b) *imbriquées*, *or-biculaires*, *convexes*, entières ; cellules grandes. Amphigastres lancéolés *(f. c)*. F. de l'invol. ovales, *sinuées*. Pér. ovale, *bila-bié*, irrégulièrement lacinié à l'orifice.

R R R. — Marais tourbeux, bruyères humides. — Haute-Vienne : Berssac, moulin d'Ardant près Rancon (Lamy). Belgique : Ardennes belges (Dumortier).

Var. **anomala** *Hook. Brit. J., t. XXXIV; De Bréb. Hép. Norm., p. 6; Boul., p. 783; Cogn. Hép. Bel., p. 25.*

Tige rampante, flexueuse. F. (f. e) *concaves*, de deux sortes : les unes *suborbiculaires* et les autres *ovales* ou ovales-lancéo-lées, dressées.

R. — Marais et bruyères humides. — Haute-Vienne : La Jon-chère, Saint-Sulpice-Laurière (Lamy). Calvados : Goude et Neufvivier près Falaise (De Brébisson). Est : C. dans les Hautes-Vosges, également dans les Basses-Vosges, les Faucilles et tout le Haut-Jura (Boulay). Belgique : Ardennes (Libert in Hüb. Hep. G.).

7 (33). **J. Schraderi** *Mart.; Ekart Syn. J., t. XI, f. 97 ; Syn. Hep., p. 83 ; Boulay., p. 784 ; Lamy in Rev. Br., 1875 ; Hus. Hep. G., n° 67. J. autumnalis D C. Aplozia Dum.*

Plante verte ou un peu rougeâtre. (Tige (f. a) couchée, garnie de nombreuses radicules hyalines, flexueuse, simple ou peu rameuse, longue de 10-30 mill. F. imbriquées-dres-sées (f. a) ou étalées (f. b), *suborbiculaires*, entières. Amphig. subulés. F. supérieures de l'invol. *laciniées* (f. c). Pér. (f. d) *cylindrique*, fortement · plissé, lacinié à l'orifice. — Hiver.

R. — Rochers ombragés, troncs pourris. — Pyrénées : cascade du Cœur (Spruce). Haute-Vienne : sur un rocher voisin de l'étang de Gouillet près Saint-Sylvestre (Lamy). Orne : rochers de granite de Châteauguillaume près Putanges (De Brébisson). Vosges : vallée de la Valogne, cascade de Tendon (Mougeot) ; Rochesson (Pierrat) ; Saut du Bouchot à Vagney, Corcieux, Saint-Dié, Blanchemer, Belle-Briette, Hohneck (Boulay). Belgique (Dumortier).

8 (34). **J. subapicalis** *Nees Eur., Leb., I, p. 310; Syn. Hep., p. 84 ; Boulay, p. 785 ; Gottsche et Rab. Hep. Eur., n°ˢ 275 et 570. Aplozia Dum.*

Plante d'un vert foncé ou jaunâtre. Tige (f. a) couchée, flexueuse, rameuse, longue de 10-30 mill. F. (f. b), subor-biculaires, entières, *espacées*, étalées, celles du sommet des rameaux dressées et rapprochées. Amphig. triangulaires (f. c). F. de l'invol. peu distinctes, *entières*. Pér. (f. d) sub-cyclindrique, plissé au-dessous de l'orifice qui est rétréci et denté-lacinié. — Print.

R R. —,Sur les pierres et les rochers ombragés ou humides. —
Est : Bois de la Bâtie près Genève Müller) ; vallées de la Valogne
et des Rouges-Eaux, Bruyères (Mougeot) ; ballon de Servance et
près de Darney (Boulay). Belgique : Orchimont (Gravet).

B. *Pas d'Amphigastres.*

† F. orbiculaires.

9 (35). **J. crenulata** *Sm., Hook. Brit. J., t. XXXVII ; Syn.*
Hep., p. 90 ; Boul., p. 787 ; Cogn., p. 28 ; Husn. Hep. G., n° 31.
Aplozia Dum.

Plante verte ou rouge. Tige (f. a) couchée, émettant des
rameaux grêles, longue de 10-30 mill. F. *suborbiculaires*,
entières, imbriquées-étalées sur les tiges principales (f. b),
très-espacées et plus petites sur les rameaux grêles (f. c),
dressées et appliquées l'une contre l'autre sur les rameaux
fertiles (f. d); les cellules marginales plus grandes et plus
épaisses forment *une marge très-distincte* (f. e). F. de l'invol.
dressées, entières. Pér. (f. d) obovale, *rouge, comprimé*,
plissé et *lobé-lacinié* à l'orifice. — Print.

C. — Bords des chemins creux, bois et bruyères humides.

Var. *gracillima Sm.;* — Rameaux grêles ; f. petites, espacées.

A C. — Sur la terre humide.
M. Lamy a récolté à Condadille près Limoges une forme présentant des tubercules nombreux et très-saillants sur les angles du
périanthe *(Rev. Br., 1875).*

10 (37). **J. Genthiana** *Hubener Hep. Germ., p. 107 ; Syn.*
Hep., p. 94 ; Spruce l. c., p. 107.

Plante ordinairement rougeâtre, ayant le port de l'espèce
précédente dont elle est très-voisine. Tige (f. a) rameuse,
longue de 5-20 mill.; les rameaux fructifères dressés, les stériles couchés. F. suborbiculaires, entières, concaves, *à peine*
marginées (f. c), espacées sur les tiges stériles (f. b), *dressées-*
imbriquées sur les rameaux fertiles. F. de l'invol. (f. d) étroitement dressées-imbriquées. Pér. (f. d) rouge, ovale, *non*
comprimé, plissé, *quadrilobé* à l'orifice.

R R.—Bords des chemins.—Pyrénées : Bois de Gerde près Bagnères, Port du Portillon, etc. (Spruce). Vosges (Blind in Herb. Lenor
mand). — M. Dumortier rapportant à cette espèce le *J. crenulata*
var. *gracillima* de Cogn. Hép. Bel., cette plante aurait été trouvée
aux localités belges suivantes : Neufchâteau (Verheggen) ; Beauwelz (Lecoyer); Scarolay (Hardy).

11 (36). **J. nana** *Nees Eur. Leb., I, p. 317 ; Syn. Hep.,*
p. 94 ; Boul., p. 788 ; Lamy in Rev. Br., 1875. Aplozia lurida
Dum.

Plante verte. Tige (f. a) ascendante-dressée, radiculeuse, rameuse, longue de 4-10 mill. F. *imbriquées* (f. b), *orbiculaires*, entières (f. c); les cellules marginales sont un peu plus grandes et forment une marge *peu distincte*. F. de l'invol. (f. e) peu distinctes, dressées. Pér. muni de *quatre plis*, 4-lobé à l'orifice. — Print.

R. — Sur la terre dans les sentiers argileux et les chemins creux. — Pyrénées : Col de Louvie, bois de Lagaillaste, Esquierry, etc. (Spruce). Haute-Vienne : Condadille près de Limoges (Lamy). Mont-Dore : Sentier qui conduit au salon du Capucin (Lamy. Est : Bords de l'Arve (Müller) ; le Hohneck (Mougeot) ; Deux-Ponts (Müller).

12 (38). **J. nigrella** *De Not. Prim. Hep. It., p. 35, t. I, fig. a 1 - a 5; Syn. Hep., p. 95 ; Boul., p. 790; Roze et Besch. Mousses de Paris, n° 201.*

Plante *brune*. Tige (f. a) *très-courte* (2 mill.), couchée, bifurquée. F. très-rapprochées, imbriquées (f. b), à bord antérieur recourbé en dehors, arrondies au sommet et très-larges à la base, ce qui les rend presque *demi-circulaires*, charnues, entières (f. c). F. de l'invol. (f. d) dressées, *denticulées*. Pér. (f. d) *subpyramidal*, irrégulièrement lobé à l'orifice. Print.

R R. — Sur les rochers calcaires frais. ·· Vienne : Dans toute la vallée de la Gartempe, de Pindray à Montmorillon (De Lacroix et Chaboisseau). Haute-Vienne : Chaussée de l'étang du Riz-Chauvron (Chaboisseau). Seine-Inférieure : Orival près Rouen (Malbranche). Env. de Paris : Bonnières, Vaumoise (Bescherelle). — Il est probable que cette espèce, qui est très-petite, se trouve dans d'autres localités. Les échantillons que j'ai reçus du Midi appartiennent au *J. alicularia.*

13 (39). **J. cæspititia** *Lind. Syn. Hep., p. 67, t. I (f. 1-8); Syn. Hep., p. 92; Cogn. Hép. B., p. 27 ; Delogne et Grav. Hép. Ard., n° 32. Aplozia Dum.*

Plante d'un vert *clair*. Tige (f. a) *très-courte* (1-3 mill.), garnie de nombreuses radicules hyalines ; les tiges fertiles sont dressées et ne portent que 3-4 paires de feuilles; celles qui sont stériles sont couchées, plus grêles et portent un plus grand nombre de feuilles. F. *imbriquées* (f. b), principalement celles des tiges fertiles, orbiculaires, entières (f. c), *épaisses*, concaves. F. de l'invol. (f. d) un peu plus grandes que les f. caulinaires, fortement dressées-imbriquées. Pér. (f. d) obové, présentant 5 plis profonds, ce qui le rend très-dictinctement *pentagonal* . — Automne.

R R R. — Sur la tourbe et aux bords des chemins dans les bois bumides. — Vieux-moulins près les Hauts-Butteaux, dép. des Ardennes (Gravet). Belgique: Villerzie (Delogne et Gravet); Louette-Saint-Pierre (Gravet).

14 (40). **J. Goulardi** *Husnot Hepaticæ Galliæ*, n° 68.

Plante formant des touffes *très-compactes* et très-larges d'une couleur ferrugineuse. Tige (f. a) *dressée verticalement*, garnie de radicules hyalines, longue de 5-15 mill. F. dressées, *imbriquées* (f. b et c), concaves, épaisses, *orbiculaires*, entières (f. d); cellules (f. e) hexagonales-arrondies, espaces intercellulaires distincts. Pas d'amphigastres. F. de l'inv. (f. f) un peu plus grandes que les f. caulinaires, concaves, engaînantes, entières; les supérieures un peu étalées au sommet. Pér. (f. f) *obové*, ferrugineux, libre, dépassant assez longuement l'invol., présentant 3-4 plis dans la partie supérieure, divisé au sommet en *trois lobes* profonds, entiers ou à bords érodés. Pédicelle long de 2-3 mill. Capsule subglobuleuse. — Eté.

R R R. — Sur les rochers secs au bord du sentier qui monte au val d'Esquierry (Haute-Garonne), à une altitude d'environ 1500ᵐ, où cette espèce croit avec le *Leptotrichum homomallum*.

Obs.—Cette plante me paraît distincte des *J. nana* et *sphærocarpa* par le port et les caractères indiqués ci-dessus, principalement par son périanthe à trois lobes profonds. — Je la dédie à mon ami Goulard, mon collaborateur et mon compagnon d'excursion dans les Pyrénées pendant les étés de 1873 et 1874.

15 (41). **J. sphærocarpa** *Hook. Brit. J., t. LXXIV; Syn. Hep., p. 93; Spruce l. c., p. 107; Boulay, p. 788; Cogn. Hép. B., p. 28; Moug. Stirp. Vog., n° 529. Aplozia Dum.*

Plante d'un vert *foncé*. Tige (f. a) simple ou peu rameuse, dressée, longue de 5-25 mill. F. *étalées-dressées*, *lâchement imbriquées*, concaves (f. b), orbiculaires, entières (f. c). F. de l'invol. (f. d) imbriquées, un peu étalées dans la partie supérieure. Pér. (f. d) *vert*, oblong, dépassant de 1/2 l'invol., plissé, 4-5 lobé. Caps. *sphérique*. — Print.

R. — Rochers humides, pierres du bord des ruisseaux, plus rarement sur la terre humide. — Pyrénées: Gorge de Cauterets, Labassère (Spruce); forêt de Trasoubàt (Philippe). Alpes: La Moucherolle près Grenoble (Ravaud). Vosges: Cascades de Tendon et du Chaufour, Hohneck (Mougeot); abondant dans le Rabodeau, non loin de Preyé, sur les hauteurs de Moussey (Boulay). Belgique: Ardennes liégeoises (Libert); Neufchâteau, Mont-Plinchamps, Straimont (Verheggen).

16 (42). **J. tersa** *Nees Eur. Leb. t. I, p. 319; Syn. Hep., p. 94; De Notaris App., t. VIII; Quélet Mousses et Hép. de Mont-*

béliard, p. 36; Boul., p. 789. **J.** *amplexicaulis Dum. Syllog.,
p. 50.*

Plante d'un vert foncé. Tige (f. a) simple ou peu rameuse,
dressée, longue de 10-30 mill. F. légèrement espacées, *amplexicaules,* concaves, un peu dressées (f. b), *suborbiculaires,*
entières (f. c). F. de l'invol. (f. d) dressées. Pér. (f. d) *vert,*
obovale, dépassant des 2/3 l'invol., présentant *5-6 plis profonds,* lobulé à l'orifice. Capsule *sphérique.* — Print.

RR.— Rochers humides, bords des ruisseaux.—Alpes des envi-
rons de Grenoble : Pic du Bec, bords du lac Domènon (Ravaud).
Haute-Savoie : Voirons (Müller). Doubs : Ballon, vallée de Rahin,
Maiche, Abbévillers (Quélet). Vosges : Ballon de Servance, Bruyères
(Mougeot).

Var. *rivularis Nees.* — Tige allongée ; f. étalées, molles,
souvent érodées ; f. de l'invol. plus petites.

Le Salève près Genève (Müller).

†† F. ovales.

17 (43). **J. cordifolia** *Hook. Brit. J., t.XXXII ; Syn. Hep.,
p. 95 ; Spruce l. c., p. 108 ; Quélet l. c., p. 37 ; Boul. p. 791.*

Plante d'un vert jaunâtre ou noirâtre. Tige (f. a) dressée,
couchée dans les eaux courantes, rameuse, longue de 40-80
mill. F. lâchement imbriquées, dressées, *amplexicaules* (f. b),
ovales-cordées, concaves, entières (f. c). F. de l'invol. ovales,
dressées. Pér. (f. d) *oblong-allongé, légèrement* plissé, rétréci
et denticulé à l'orifice. Cap. *ovale.* — Print.-Eté.

RR. — Sur les pierres dans les ruisseaux, rochers humides. —
Pyrénées : Bords de l'Adour près d'Asté, Crabioules (Spruce); au-
dessus du lac d'Oo, en montant au Port de la Glère, entre Melle et
le col d'Aouéran (Husnot). Doubs : Ballon (Quélet). Vosges : dans le
ruisseau de Valtin, au-dessus de Habeaurupt (Boulay).— Belgique :
d'après M. Gravet cette espèce a été indiquée par erreur en Belgique.

18 (44). **J. riparia** *Tayl.; Syn. Hep., p. 97; Spruce, l. c.,
p. 108 ; Boul., p. 792 ; Cogn., p. 28 ; Del. et Gravet, Hép. Ard.,
n° 33. Aplozia Dum.*

Plante verte ou brune. Tige (f. a) couchée, *très-rameuse,*
longue de 8-25 mill. F. peu serrées, *étalées* (f. b) légèrement
concaves, *ovales,* entières (f. c). F. de l'invol. (f. d) plus
grandes, entières ou superficiellement émarginées, dressées
à la base, *très-étalées* au sommet. Pér. (f. d) *piriforme,* plissé
au sommet, lobulé à l'orifice. — Print.

R. — Sur la terre humide au bord des eaux et sur les rochers
humides. — Pyrénées : fréquent dans les Pyrénées occidentales et

les Pyrénées centrales (Spruce). Gard : rochers calcaires humides près de la cascade de Brama-Bioou (Boulay). Est : C. au pied du Jura, au Salève, près de Genève, sur les bords de l'Arve, aux Voirons (J. Müller, sec. Boulay). Belgique : bords de la Semoy à Dohan et à Frahan (Delogne).

19 (45). **J. pumila** *With. ; Hook. Brit. J., t. XVII ; Syn. Hep., p. 97 ; Spruce l. c., p. 108 ; Boulay, p. 792 ; Lamy in Rev. Br., 1875, p. 39 ; Cogn., p. 27. Aplozia Dum.*

Plante verte ou brune. Tige (f. a) couchée, ascendante au sommet, garnie de radicules hyalines, *simple* ou peu rameuse, longue de 5-15 mill. F. rapprochées (f. b), *subverticales*, concaves, ovales, entières (f. c). F. de l'invol. (f. d) dressées, légèrement étalées au sommet. Pér. (f. d) *oblong*, plissé au sommet, lobulé à l'orifice. Print.

RR.—Sur les rochers frais des terrains calcaires.—Pyrénées : Bois de Sajust (Spruce). Gard : Près de la cascade de Brama-Bioou (Boulay). Mont-Dore : Dans le ravin de la Grande-Cascade et dans un autre ravin près de la cascade du Serpent (Lamy). Est : Saint-Claude, dans le Jura, près des cascades de Flumen, la Faucille (Boulay). Seine-Inférieure : Orival près Rouen (Malbranche). Belgique : Indiqué par Dossin aux environs de Liége (Cogn. cat., p. 27).

20 (46). **J. alicularia** *De Notaris Appunti per un nuovo censimento delle Epatiche italiane, p. 35, t. V.*

Plante verte, *très-petite*. Tige (f. a et b) couchée, redressée au sommet, garnie de nombreuses radicules, simple ou portant un court rameau qui naît à la base des f. de l'involucre, longue de 2-5 mill. F. imbriquées (f. b), étalées-dressées, semi-amplexicaules, *ovales*, entières (f. c). F. de l'invol. (f. d) *irrégulièrement dentées* au sommet ; les deux supérieures érodées au sommet, *concaves*, formant une *enveloppe bivalve* plus longue que le périanthe. Pér. (f. d et e) *plus court* que l'invol., *subglobuleux*, présentant au sommet 4-6 lobes, libre ou brièvement soudé à la base avec les f. supérieures de l'invol. Capsule ovale. — Print.

Sur les rochers et dans les lieux caillouteux. — Environs d'Hyères (Bescherelle). Entre Fréjus et Cannes (Var), Rognac (département des Bouches-du-Rhône), à Nimes, dans les Cévennes et plusieurs autres localités du Midi (Boulay).

Obs. — Cette espèce, qui avait été prise pour une forme du *J. nigrella*, paraît être assez répandue dans le Midi ; elle en diffère par sa couleur verte, sa taille un peu plus grande, ses feuilles ovales, son périanthe plus court que l'invol., etc.

Subsect. 2. *Bidentes* Nees.

Feuilles caulinaires bidentées ou bilobulées au sommet, f. de l'involucre présentant souvent plus de deux lobes.

21 (47). **J. inflata** *Hudson* ; *Hook. Brit. Jung., t. XXXVIII* ; *Mérat, Flore des environs de Paris, p. 415* ; *De Brébisson, Hép. de Normandie, p. 7* ; *Syn. Hep., p. 105* ; *Boulay, p. 795* ; *Lamy in Rev. Br., 1875* ; *Hus. Hep. Gal., n° 69. Gymnocolea inflata Dum.* ; *Cogn. Hep. Bel., p. 28.*

Plante d'un *brun noirâtre*, plus rarement verte. Tige (f. a) couchée, redressée dans la partie supérieure, rameuse, longue de 10-30 mill. F. espacées, étalées (f. b), ou rapprochées et lâchement imbriquées (f. c), *obovées,* celles du milieu planes et celles du sommet concaves, divisées jusqu'au tiers en deux lobes *obtus*, un peu inégaux (f. d) ; sinus arrondi au fond ; cellules carrées-arrondies. F. de l'invol. (f. e) bilobées, concaves, dressées. Pér. (f. e) dépassant *très longuement* l'involucre, *piriforme*, *lisse* excepté au sommet qui porte quelques plis légers et courts, très-rétréci et irrégulièrement denté à l'orifice. — Eté.

R. — Bruyères humides, bois marécageux, tourbières.— Haute-Vienne : Marais tourbeux de Heufelle, au-dessous de la forêt de Crouzat, près de Beaumont (Lamy). Normandie : Mortain (De Brébisson) ; bruyères du Plessis-Grimoult près Vire (Pelvet) ; Saint-André, les Marettes et Neufvivier près Falaise (De Brébissson). Environs de Paris : Fontainebleau (Persoon sec. Mérat). Est : Marais de la Pile, Dôle (J. Müller) ; les Ponts (Lesquéreux) ; Preyé (Lemaire) ; Champâtre (Pierrat) ; Gazon-Martin (Mougeot). Belgique (Cogniaux).

Var. *laxa Nees* ; *Delogne et Gravet Hep. Ard., n° 3* ; *Hus. Hep. Gal., n° 70.*

Tiges grêles, allongées, formant des touffes lâches ; f. très espacées, étalées, planes.

R. — Dans les marais parmi les *Sphagnum*. — Calvados : Neufvivier près Falaise (De Brébisson). Belgique : Louette-Saint-Pierre, Villerzie (Gravet) ; Neufchâteau, Longlier (Verheggen) ; environs de Visé, Oeudeghien (Marchal) ; Maeseyck (Cogniaux).

22 (48). **J. Wilsoniana** *Nees Europ.* • *Lebermoose, III, p. 548* ; *Syn. Hep., p. 103* ; *Spruce in Ann. and Mag. of natural history, 1849, t. IV, p. 109* ; *Cooke Brit. Hep., p. 10, fig. 74* ; *Gottsche et Rab. Hep. Eur., n° 477. J. affinis Wilson. Gymnocolea affinis Dum.*

Plante verte. Tige (f. a) couchée, rameuse, les rameaux fertiles dressés, longue de 5-15 mill. F. espacées (f. b), étalées ou un peu dressées, *quadrangulaires-arrondies*, divisées jusqu'au tiers en deux lobes un peu inégaux, obtus ou subobtus (f. c) ; sinus aigu ; cellules hexagonales. F. de l'invol. (f. d) bilobées, dressées à la base, légèrement étalées au sommet.

Pér. (f. d) *obové-piriforme, plissé* dans le tiers supérieur, denté à l'orifice.

R R R. — Sur les rochers calcaires frais, à Gélos, près Pau et Bagnères-de-Bigorre (Spruce, l. c.). Sur la terre, dans les sentiers humides, près de Bex, en Suisse (Philibert).

Obs. — Cette plante n'est peut-être qu'une variété du *J. turbinata*, dont elle ne diffère que par les plis et les lobes du périanthe.

23 (49). **J. turbinata** *Raddi, Jung. Etr., p. 10, t. III, fig. 3. J. Corcyræa Nees, Eur. Leb. II, p. 39 ; Syn. Hep. p. 103. Hep. G., n° 109.*

Plante verte. Tige couchée, rameuse, longue de 4-10 mill. F. étalées, espacées, *quadrangulaires-arrondies*, divisées jusqu'au tiers en deux lobes un peu inégaux, subobtus ; cellules hexagonales. F. de l'invol. dressées. Pér. oblong, *lisse, bilobé* au sommet. — Printemps.

R R. — Bords des ruisseaux sur les sables et sur les rochers très-humides, dans la région méridionale. — Bouches-du-Rhône : Valentine, Causoins, Rognac (Boulay) ; ça et là autour d'Aix (Philibert). Basses-Alpes : Valsaintes (Renauld).

24 (50). **J. albescens** *Hook. Brit. Jung., t. LXXII, et Suppl., t. IV ; Syn. Hep., p. 102.*

Plante d'un *blanc glauque*. Tige (f. a) couchée ou dressée au milieu des mousses, rameuse, longue de 8-15 mill. F. rapprochées, quelquefois imbriquées, dressées, *concaves* (f. b), orbiculaires, à deux lobes subégaux, entiers, obtus (f. c). Amph. *triangulaires-oblongs, obtus* (f. d). F. de l'inv. imbriquées. Pér. (f. e) oblong, distinctement plissé dans mes exemplaires (lisse d'après Hooker), denté à l'orifice. — Eté.

R R R. — Sur la terre et parmi les mousses, dans les hautes montagnes. — Alpes : les Aiguilles-Rouges (Müller) ; Grand-Saint-Bernard (Philibert).

25. J. acuta *Lindb.*

Je réunis sous ce nom les trois variétés suivantes, considérées comme espèces distinctes par quelques botanistes. Je résume dans le tableau analytique ci-dessous les caractères qui permettront de distinguer les *types* de ces variétés :

1	F. dressées, amph. rares.	acuta.
	F. étalées, amph. fréquents, lobés . . . . ;	2
2	F. sup. de l'inv. à lobes laciniés.	**Mülleri.**
	F. sup. de l'inv. à lobes entiers.	bantriensis.

3

(51). **J. acuta** *Lindb., Syn. Hep., p. 88 ; Syn. Hep., p. 103 ; Boulay, p. 794.*

Plante d'un vert foncé. Tige couchée , redressée au sommet, bifide (f. a). F. *dressées*, subverticales (f. b), quadrangulaires - arrondies, divisées jusqu'au quart ou au tiers en deux lobes ovales , aigus (f. c). Amp. *très-rares.* F. de l'inv. à lobes entiers ou sinués. Pér. (f. d) cylindrique, lisse, denté à l'orifice. — Printemps — Été.

A R.—Rochers humides.—Pyrénées : dans un assez grand nombre de localités. Tarn-et-Garonne (Renauld) ; Gard (Boulay) ; Lozère (Prost). Alpes : Villard-de-Lans, Prémols. etc. (Ravaud) ; Les Contamines (Puget). Répandu dans le Jura (J. Müller). Besançon (Paris). Vosges : Gérardmer, Bruyères (Mougeot). Falaises d'Arromanches, dans le Calvados (Brébisson). Belgique (Dumortier).

(52). **J. Mülleri** *Nees in Lindb. Syn. Hep., p. 39; Boulay, p. 794; Cogn., p. 30 ; Del. et Gravet, Hep. Ard., n° 2.*

Plante d'un vert-brun. Tige couchée-redressée , bifide. F. (f. a) *étalées* ou peu dressées, quadrangulaires-arrondies, à deux lobes aigus. Amp. (f. b) lancéolés, bi ou trifides. F. de l'inv. (f. c) plus grandes, dressées, à *lobes laciniés.* Pér. subcylindrique, lisse, denté à l'orifice.— Print.—Été.

A R. — Rochers humides. — Pyrénées (Spruce) ; Eaux-Bonnes (Husnot). Bords du Gardon (Boulay). Mende (Boulay). Puy-de-Dôme : Pic de Sancy (Lamy). Alpes : Bords du lac Cœurzet, Lautaret (Ravaud); Haute-Savoie (Müller). Est : Salève , bois de la Bâtie, Dôle (J. Müller); Vallon de Flumen près Saint-Claude, grottes au bord de la Faucille à Morey (Boulay). Belgique : Frahan (Delogne) ; Hastière-Lavoux, Bouvignes, Bouillon (Gravet).

Var. *Libertæ ; J. Libertæ Hüb. ; Cogn. , Hep. Belg., p. 31.* — Amphigastres pinnatifides-ciliés à la base.

Sur les rochers calcaires secs. — Ardennes liégeoises vers Malmédy (Libert) ; Bouillon, Sainte-Cécile (Delogne) ; Neufchâteau , Longlier (Verheggen).

(53). **J. bantriensis** *Hook. Brit. Jung., t. XLI ; Syn. Hep., p. 100 ; Spruce, l. c., p. 108 ; Boulay, p. 795 ; Husnot, Hep. Galliæ, n° 111.*

Touffes lâches. Tige dressée, ordinairement simple, longue de 20-40 mill. F. ovales-arrondies , à deux lobes *courts* (f. d), aigus ou obtus. Amph. *laciniés* (f. b.). F. de l'inv. à deux (rarement trois) lobes aigus, *entiers* (f. c). Pér. (f. c) *dépassant longuement l'invol.*, obconique ou subcylindrique, *lisse* ou brièvement et légèrement plissé vers l'orifice qui est lobé-lacinié. — Été.

R R. — Dans les ruisseaux et les marécages des montagnes. — Pyrénées : Vallée d'Ossau et Gorge de Labassère (Spruce). Versant sud du Port de Benasque, à gauche du chemin de la Rencluse, et au Pales de Burat (Husnot). Est : Marais de la Pile, à la Dôle (J. Müller) ; Saint-Claude (Boulay).

26 (54). **J. Hornschuchiana** *Nees, Eur. Leb. II, p. 153 ; Syn. Hep., p. 101 ; Boulay, p. 794 ; Zetterstedt, Hep. Pyr., p. 18 ; Hep. Gal., n° 32.*

Touffes lâches. Tige dressée, simple ou peu rameuse, longue de 20-40 mill. F. légèrement imbriquées, carrées-arrondies, molles, plissées-ondulées, à deux lobes aigus, quelquefois subobtus. Amp. (f. a) nombreux, grands, à *deux* lobes lobulés-incisés. F. de l'inv. (f. b) dressées, à deux lobes aigus, sinués. Pér. (f. b) paraissant latéral par suite du développement d'un ou plusieurs rameaux qui naissent à sa base, *dépassant peu* les f. de l'inv., obconique, à 3-4 plis profonds qui le rendent très-distinctement *anguleux* dans presque toute sa longueur, lobulé-cilié à l'orifice. — Été. — Cette plante, qui fructifie très-rarement, ressemble beaucoup à l'état stérile au *J. bantriensis ;* le périanthe est assez différent pour que je ne puisse la considérer comme une simple variété du *J. acuta.*

R R R. — Marécages des montagnes. — Pyrénées : Cascade de Montauban près Luchon (Zetterstedt). Alpes : Au-dessus de la Forêt de Villard d'Arène (Ravaud) ; forêt de Lanslebourg au pied du Mont-Cenis (Bonjean).

27 (55). **J. orcadensis** *Hook. Brit. Jung., t. LXXI ; Syn. Hep., p. 107 ; Boulay, p. 796.*

Touffes lâches. Tige simple (f. a), rarement rameuse, *dressée*, dénudée à la base, garnie de radicules, longue de 20-50 mill. F. dressées (f. b), imbriquées au sommet de la tige, plus espacées vers le bas, *ovales-quadrangulaires* (f. c), bord *replié en dessous,* deux lobes courts ; sinus arrondi descendant au 1/5.

R R R. — Au milieu des mousses dans les lieux secs des régions subalpine et alpine. — Pyrénées : Vallée du Lys (Husnot). Alpes : Mont-Cenis (Bonjean). Est : Colombier dans le Haut-Jura (Boulay) ; Le Hohneck (Mougeot).

28 (56). **J. Wenzelii** *Nees, Eur. Leb. II, p. 58 ; Syn. Hep., p. 108 ; Boulay, p. 797 ; J. Vogesiaca Nees.*

Touffes vertes ou brunes. Tige raide, dressée, longue de 10-30 mill. F. se recouvrant par les bords, *légèrement émarginées* ou *sinuées* avec plusieurs petites dents. F. de l'invol. dressées, plus grandes, 2-3 lobées. Pér. oblong-cylindrique, longuement saillant, légèrement plissé, denté à l'orifice.

R R R. — Rochers ombragés et frais de granite, à Gérardmer (Vosges), près du lac au midi, avec *J. albicans* et *Sarcoscyphus emarginatus* (Mougeot).

29 (57). **J. ventricosa** *Dicks. Pl. Crypt., II, p. 14; Hook. Brit. Jung., t. XXVIII; Syn. Hep., p. 108; Boulay, p. 797; Lamy, Revue Bryol., 1875; Husnot, Hep. G., n° 33; Lophozia ventricosa Dmt.; Cogn., Hép. B., p. 30.*

Touffes peu compactes, d'un *vert foncé*, quelquefois rougeâtre. Tige (f. a) couchée, redressée au sommet, garnie de nombreuses radicules pâles, rameuse, longue de 10-30 mill. F. de la partie couchée de la tige très-étalées (f. b), celles du sommet souvent dressées, ovales-quadrangulaires, bilobées (f. c); sinus arrondi descendant jusqu'au cinquième. Quelquefois des amp. sur les tiges fertiles; ils sont linéaires ou lancéolés, entiers ou divisés. F. de l'inv. (f. d) *trois-quatre lobées*, lobes *inégaux* entiers ou sinués. Pér. (f. e) ovale, vert, à trois plis, lobulé à l'orifice. — Printemps.

A C. — Sur les rochers siliceux, la terre, les bois pourris, au milieu des mousses; R. dans les terrains calcaires.

Var. *gemmipara; Hep. Gall., n° 34.* — F. supérieures chargées de granulations. — Aussi commune que le type.

Var. *porphyroleuca; J. porphyroleuca Nees.* — F. supérieures souvent trilobées; pér. plus long, à cinq plis, rose au sommet. — Plus rare que le type.

30 (58). **J. alpestris** *Schl.; Syn. Hep., p. 113; Boulay, p. 799; Lamy, Rev. Bryol., 1875, p. 39; Zetterstedt, Hep. Pyr., p. 19; Cephalozia alpestris Dum.; Cogn. Hep. B. p. 35.*

Touffes assez compactes, d'un *rouge-brun*. Tige (f. a) redressée, rameuse, longue de 10-25 mill. F. rapprochées, étalées-redressées, *concaves, ovales-subquadrangulaires* (f. b), à deux lobes peu profonds, atteignant environ 1/5 de la feuille. F. intérieures de l'inv. (f. c) à trois lobes *entiers* ou *sinués*. Pér. (f. d) *blanchâtre*, oblong, légèrement plissé.

R. — Sur les rochers et parmi les mousses dans les montagnes. — Pyrénées : Port de Benasque, Maladetitta, lac d'Espingo, Port d'Oo (Zetterstedt). Gard : Sommet de l'Aigoual (Boulay). Mont-Dore : Rochers de Denthouche et du Sancy (Lamy). Vosges : Bresoir, Tanache, Hohneck (Mougeot) ; Rotabac (Boulay). Ardennes (Libert). Environs de Genève (Müller).

Le **J. curvula** *Nees, Eur. Leb. II, p. 117 ; Syn. Hep., p. 115*, est indiqué par Spruce *(Musci and Hepaticæ Pyr., p. 110)* dans la vallée de Combascou, sur les bois pourris. — Je ne connais pas cette espèce, dont voici la description d'après le Syn. Hep. : Amphigastres nuls. Tige flexueuse, rampante, peu rameuse. F. semi-verticales, ascendantes, carrées-orbiculaires, concaves, rigides, émarginées, dents͵ aiguës, conniventes ; sinus obtus.

31 (59). **J. bicrenata** *Lindenb. Syn. Hep., p. 82 ; Syn. Hep., p. 115 ; Spruce, p. 110 ; Boulay, p. 801 ; Cogn., p. 29 ; Hep. Gall., n° 71.*

Plante verte ou orangée. Tige (f. a) *entièrement couchée*, longue de 2-8ᵐ. F. (f. b) *imbriquées*, semiverticales, concaves, suborbiculaires-carrées, bilobées jusqu'au quart. F. de l'invol. à trois lobes (quelquefois deux) aigus et dentés (f. c) *plus longues que larges*. Pér. (f. d) blanchâtre ou orangé, *ovale*, plissé, lacinié à l'orifice. — Automne-Print.

A C. — Sur la terre dans les bois sablonneux, au bord des chemins, dans les bruyères.

32 (60). **J. intermedia** *Lindenb. Syn. Hep., p. 83 ; Syn. Hep., p. 116 ; Spruce, Musci et Hep. Pyr., p. 110 ; Lamy, Revue Bryol., 1875, p. 89 ; de Brébisson, Hep. Norm., p. 7.*

Touffes lâches, vertes. Tige (f. a) *couchée-redressée*, simple ou présentant des rameaux grêles au-dessous du périanthe, longue de 5-15 mill. F. dressées, imbriquées, carrées-suborbiculaires, divisées jusqu'au 1/4 ou au 1/3 en deux lobes aigus (f. b) ; sinus arrondi. F. de l'inv. (f. c) *plus larges que longues*, 3-5 lobes moins dentés que dans l'espèce précédente. Pér. (f. d) *vert*, ovale, légèrement plissé, denticulé à l'orifice.

Cette espèce, qui ressemble à la précédente, n'est indiquée qu'à

un petit nombre de localités : Saint-Sever, cascade du Cœur près
Luchon (Spruce). Limoges (Lamy). Landes de Marsan près Saumur
(Lelièvre). Normandie : Boisférant, Roche d'Oître, Falaise (Brébisson).

Var. *capitata; J. capitata Hook. Brit. Jung., t. LXXX.*
— Rameaux renflés au sommet; f. supérieures ondulées,
bi-trifides, à lobes très-inégaux. — Limoges (Lamy).

Le **J. socia** *Nees* est indiqué, parmi les variétés de
J. barbata, sur les granits et grès de la région monta-
gneuse des Vosges (Mougeot), et dans les Basses-Vosges
(Zeyher).

Je ne puis considérer cette plante, d'après l'exemplaire
publié par *Hüb. et Genthe, n° 91,* que comme une forme
du *J. intermedia,* croissant au milieu d'espèces plus
grandes. Le pér., décrit comme *cylindrique* et *lisse,* est
quelquefois *ovale* et *plissé;* les f. de l'invol. sont exacte-
ment semblables à celles du *J. intermedia.*

33 (61). **J. excisa** *Gott. Lind. et Nees, Syn. Hep.,*
p. 112.

Tige (f. a) simple, raide, très-courte (2 mill.). F. dressées, imbriquées, ovales-arrondies, divisées jusqu'*au
dessous du tiers* en deux lobes un peu inégaux *sinués* (f. b).
F. de l'invol. (f. c) divisées en *quatre-cinq* lobes sinués-
dentés. Pér. (f. d) oblong, plissé, lacinié à l'orifice.

Il est difficile d'indiquer des localités, parce que ce nom a été
donné à plusieurs espèces différentes. Le *J. excisa* de Mougeot et
de Godron n'est qu'une forme du *J. ventricosa* (Boulay, p. 802).
La plante indiquée sous ce nom par de Brébisson est le *J. bicrenata;*
celle d'Angers de Guépin est le *J. ventricosa;* le n° 126 de Roze
et Bescherelle est le *J. porphyroleuca,* etc. Cogniaux (*Hép. belges,*
p. 29) l'indique à plusieurs localités dont je n'ai pas vu d'exemplaires; ce que j'ai reçu des Ardennes sous ce nom est le *J. bicrenata.*
Je crois que la plante, que je viens de décrire d'après un exemplaire provenant de l'herbier Lehmann, est différente de celle
décrite et figurée sous ce nom par Dickson, fasc. III, p. 11, t. VIII,
f. 7, qui serait plutôt le *J. bicrenata.* La plante figurée par
Hooker, t. IX, me paraît être une forme du *J. ventricosa.*

34 (62). **J. arenaria** *Nees, Eur. Leb., II, p. 132;*
Syn. Hep., p. 117; Hüb. et Gent., Deuts. Leb., n° 117.

Tige (f. a) couchée, redressée au sommet, raide, très-
courte (2-5 mill.). F. subverticales, *imbriquées,* concaves,
carrées-arrondies, présentant trois lobes, dont un *beaucoup
plus petit* et placé plus près de la base (f. b), les deux

supérieurs sinués ou dentés ; sinus ne dépassant pas un quart de la feuille. F. de l'inv. (f. c) grandes, *carrées*, *ondulées*, divisées en 3 lobes inégaux, sinués-dentés. Pér. (f. d) subcylindrique, plissé, lobulé-denticulé à l'orifice. — J'ai décrit cette espèce d'après l'exemplaire publié par Hübener.

R R R. — Sur la terre sablonneuse aride, dans une forêt de pins, près de Schewtzingen, dans les Basses-Vosges (Hübener).

SUBSECT. 3. BARBATÆ Nees.

Feuilles caulinaires plissées-ondulées, multilobulées.

35 (63). **J. incisa** *Schrad. ; Hook. Brit. Jung., t. X ; Syn. Hep., p. 118 ; Boulay, p. 805 ; Cogn., Hep. Belges, p. 30 ; Hep. G., n° 72-73.*

Touffes denses d'un *vert foncé*. Tige (f. a) couchée, redressée au sommet, garnie de nombreuses radicules hyalines, longue de 5-15 mill. F. rapprochées, *étalées*, carrées-suborbiculaires, ondulées, présentant *deux lobes principaux* atteignant un tiers de la feuille et *plusieurs petits lobes* sur le contour (f. b). Pas d'amph. F. de l'inv. (f. c) élargies au sommet, ondulées, divisées en 3-5 lobes irrégulièrement dentés. Pér. (f. d) ovale, légèrement plissé, denticulé à l'orifice.

C. dans les montagnes, R. dans les plaines. — Sur les vieilles souches et les troncs pourris dans les forêts, plus rarement sur la terre, dans les rochers et les tourbières. — Normandie : Falaise (Brébisson). Belgique : Louette-Saint-Pierre, Villerzie, Orchimont, Vonêche (Gravet) ; Warnisart (Verheggen) ; Liége (Dossin).

36. J. barbata.

Je réunis sous le nom de *J. barbata* les six variétés suivantes, dont plusieurs sont considérées par quelques auteurs comme des espèces distinctes. Ces plantes présentent de nombreuses variations ; j'ai dessiné pour chacune d'elles la forme de feuilles qui m'a paru la plus commune.

Le tableau analytique ci-dessous en facilitera la détermination dans la plupart des cas, à la condition d'examiner un certain nombre de feuilles, car ces organes sont très-variables.

1 { Des rameaux cylindriques . . . . **attenuata.**
{ Pas de rameaux cylindriques **2**

2	F. plus larges que longues, très-crépues.	lycopodioides.
	F. aussi longues que larges.	3
3	Les 2 lobes du milieu plus larges.	Schreberi.
	Un seul lobe plus large	4
4	Bord postérieur de la f. plus long que l'autre	Lyoni.
	Bords antérieur et postérieur égaux.	5
5	Le lobe plus large obtus.	quinquedentata.
	Tous les lobes aigus	Floerkei.

(64). **J. attenuata** *Lindenb., Syn. Hep., p. 48 ; Hook, Brit. Jung., t. LXX ; Boulay, p. 806 ; Hep. Gal., n° 9. Lophozia attenuata Dum. ; Cogn., p. 31.*

Touffes d'un vert foncé. Tige ascendante, longue de 15-30 mill., à rameaux fasciculés et *subcylindriques*. F. des tiges (f. a) étalées, ordinairement concaves, carrées-arrondies, légèrement plissées, à trois lobes (rarement 2 ou 4) ovales, aigus, peu inégaux ; f. des rameaux cylindriques (f. b) *fortement imbriquées*, obovées, à 3 lobes courts. Amph. nuls ou à deux lobes *entiers*. Dans cette variété et dans les suivantes, les f. de l'invol. sont dressées, 3-5 lobées. Pér. oblong, plissé. — Printemps.

A C. — Rochers siliceux ombragés.

(66). **J. Lyoni** *Tayl. ; Spruce, M. et Hep. Pyr., p. 109.*
Plante verte. Tige simple ou peu rameuse, probablement dressée au milieu des mousses, longue de 25-50 mill. F. étalées, ordinairement rapprochées et concaves, plissées ; le bord postérieur de la f. est *arrondi* et *plus long* que l'antérieur ; *trois* lobes *aigus* ou *mucronés*. Amp. *nuls*. Pér. oblong, plissé, cilié à l'orifice.

R. — Sur les rochers parmi les mousses. — Pyrénées : Val de Jéret, etc. (Spruce) ; cascade du Cœur (Goulard). Haute-Savoie : Les Contamines (Puget). Parmi les touffes d'*Hymenophyllum Wilsoni*, à la cascade de Saint-Herbot, Finistère (Camus).

Le **J. collaris** *Nees, Syn. Hep.*, p. 125, que Dumortier cite comme espèce belge sans indiquer aucune localité, me semble être (d'après un petit exemplaire de l'herbier Lehmann) une forme rabougrie de la variété précédente, dont elle ne différerait que par sa tige courte et couchée, ses f. plus imbriquées et la présence de petits amph.

(65). **J. Floerkei** *Mart. ; Syn. Hep., p. 123 ; Boulay, p. 805 ; Hep. G., n° 112.*
Tige ascendante, simple ou rameuse, longue de 20-50 mill. F. (f. a) *carrées*, à trois lobes (rarement 2 ou 4)

ovales, aigus. Amph. (f. b) à deux lobes lancéolés, *laciniés*. Pér. ovale, plissé.

Deux formes principales :

1. *Densifolia.* — Tige raide, f. dressées, *imbriquées*, concaves.

2. *Squarrosa.* — Tige souvent dénudée à la base, f. *plus espacées, étalées*, à bords recourbés.

AC. — Sur la terre et les rochers au milieu des mousses dans les montagnes.

(67). **J. quinquedentata** *Thed. ; Syn. Hep., p. 126 ; Boulay, p. 805.*

Touffes vertes ou jaunâtres. Tige couchée, redressée au sommet, rameuse. F. rapprochées, *étalées*, arrondies, ondulées, 3-5 lobes dont un *plus large* et *obtus.* Amp. nuls ou subulés. Pér. ovale-oblong, *plissé-anguleux.*

AC. — Sur les rochers ombragés, principalement dans les montagnes.

(68). **J. Schreberi** *Nees ; Syn. Hep., p. 125 ; Boulay, p. 804 ; Cogn., p. 31.*

Touffes d'un vert foncé. Tige simple ou peu rameuse, couchée. F. *horizontales, planes* ou *convexes*, de forme carrée, ordinairement à quatre lobes, dont les deux du milieu *plus larges* et obtus. Amp. nuls ou à deux lobes très-étroits. Pér. ovale-oblong, plissé.

A R. — Sur la terre dans les bois et les chemins creux, et sur les rochers. — Pyrénées, Gard, Lozère, Haute-Vienne, Alpes, Vosges, Belgique.

(69). **J. lycopodioides** *Wallr. ; Syn. Hep., p. 125 ; Boulay, p. 804 ; Hep. Gall., n° 75.*

Plante jaune ou vert jaunâtre. Tige *robuste*, couchée, redressée au sommet, rameuse, longue de 20-40 mill. F. très-rapprochées, imbriquées, étalées, *fortement plissées-ondulées, plus larges que longues ;* quatre lobes mucronés, les deux du milieu plus larges, souvent quelques *longs cils* flexueux sur le bord postérieur au-dessus de la base. Amp. simples ou bifides, *ciliés.* Pér. ovale, plissé.

A R. — Sur la terre et les rochers, au milieu des mousses dans les montagnes. — Pyrénées : Superbagnères (Husnot). Alpes : Forêt de Revel, etc. (Ravaud) ; le Mont-Méribelle (Puget). Loire (Peyron).

Jura: La Faucille, la Dôle, le Suchet, le Mont-d'Or (Boulay, l. c.). Ardennes (Libert).

37 (70). **J. setiformis** *Ehr.; Hook., Brit. Jung., t. XX; Boulay, p. 806.*

Touffes denses, d'un jaune-brun. Tige (f. a) dressée, dichotome, cylindrique, longue de 25-40 mill. F. très-fortement imbriquées (f. b), plus larges que longues, divisées *jusque près de la base* en *quatre* lobes lancéolés (f. c), à bords repliés en dehors ; quelques grosses dents de chaque côté des lobes et jusqu'à la base de la feuille. Amp. (f. d) nombreux, profondément divisés en deux lobes ciliés. F. de l'inv. plus dentées. Pér. cylindrique, plissé.

R R R. — Au milieu des mousses et des lichens et sur les rochers de la région alpine. — Montagnes du Jura, dans les environs de Bâle, probablement au Weissenstein (F. Nees). Dans les Vosges (Syn. Hep.).

Sect. III. — BICUSPIDES Nees.

Plantes grêles, f. bilobées ; fructification terminant un rameau spécial, plus court et plus gros que les rameaux stériles.

† Lobes des feuilles droits.

38 (71). **J. Francisci** *Hook., Brit. Jung., t. XLIX; Spruce, p. 112. Cephalozia Francisci Dumt.; Cogn. Hep. Belges, p. 35.*

Plante rouge-brun. Tige (f. a) couchée, redressée au sommet, *raide*, rameuse, longue de 2-5 mill. F. dressées, imbriquées, plus espacées sur les rameaux stériles (f. b), *ovales*, concaves, divisées jusqu'au quart en deux lobes obtus (f. c). Amp. ovales, bilobés. F. de l'inv. à deux lobes *entiers* (f. d). Pér. oblong-cylindrique.

R R R. — Dans les marais, souvent mélangée à d'autres espèces. — Pyrénées : Landes de Mugriet (Spruce). Normandie : Falaise (Brébisson). La Neuville-aux-Haies, dép. des Ardennes (Delogne et Gravet).

39 (72). **J. divaricata** *Sm.; Spruce, p. 112 ; J. Starkii Nees; Syn. Hep., p. 134; Boulay, p. 807 ; Cogn, p. 35.*

Plante d'un vert olivâtre. Tige (f. a et b) molle, couchée, *filiforme*, flexueuse, rameuse, longue de 5-10 mill. F. *espacées*, étalées ou un peu dressées (f. b), carrées-arrondies, divisées jusqu'*au milieu* en deux lobes subobtus *divergents* (f. c) ; les inférieures plus étroites que la tige et les supérieures plus larges. Amp. lancéolés-subulés ou bifides. F. de l'inv. (f. d) à deux lobes lancéolés, *dentés*. Pér. (f. e) oblong, fortement plissé-anguleux, lacinié à l'orifice, blanchâtre au sommet. — Automne-Print.

A C. — Sur la terre, aux bords des chemins, dans les bois et les bruyères.

Var. *procerior Nees; Hep. Gall.*, n° 76. — Tige dressée, plus grande; toutes les feuilles plus larges que la tige; amp. plus larges, bifides. — Haute-Vienne (Lamy). Belgique : Louette-St-Pierre, Villerzie, etc. (Gravet); Oisy (Delogne).

Var. *byssacea; J. byssacea Roth. J. divaricata Nees; Syn. Hep., p. 135; Hep. Gall.*, n° 36. — Amp. nuls. F. de l'inv. divisées en 2-3 lobes. Plus commune que le type.

Le **J. Menzelii** *Corda* a été indiqué par Zeyher à Kaiserslautern, dans les Basses-Vosges. Je ne connais pas cette plante.

40 (73). **J. catenulata** *Hübn., Hep. Germ.*, p. 169; *Syn. Hep.*, p. 138; *Boulay*, p. 808, *Zetterstedt, Hep. Pyr.*, p. 20.

Plante d'un vert jaunâtre. Tige (f. a) raide, grêle, rameuse, couchée, rameaux redressés, longue de 5-10 mill. F. légèrement imbriquées (f. b), ascendantes, concaves, *suborbiculaires*, divisées jusqu'au milieu en deux lobes dressés, lancéolés-triangulaires, aigus (f. c). F. de l'inv. (f. d) à deux lobes ovales garnis de *grosses dents inégales*. Pér. cylindrique, plissé, blanchâtre au sommet, cilié à l'orifice. — Printemps-Été.

R. — Sur les troncs pourris, dans les forêts des montagnes. — Pyrénées : Vallée de Burbe (Zetterstedt). Jura : le Salève, la Dôle (J. Müller). Vosges : Chauffour, Retournemer (Mougeot); Valtin (Boulay); Preyé, au-dessus de Moussey (Lemaire).

41 (74). **J. bicuspidata** *L.; Hook., Brit. Jung.*, t. XI, *Syn. Hep.*, p. 138; *Boulay*, p. 809; *Hep. Gall.*, n° 37.

Plante d'un vert blanchâtre ou ferrugineux (f. a), molle, grêle, couchée, rameaux redressés, longue de 5-10 mill. F. espacées (f. b) ou imbriquées, étalées-dressées, concaves, *ovales*, divisées jusqu'au milieu en deux lobes lancéolés, aigus (f. c). F. de l'inv. (f. d) à lobes *sinués* ou *dentés*. Pér. cylindrique, *hyalin*, plissé, cilié à l'orifice. — Cette espèce présente de nombreuses variations; les feuilles sont espacées ou imbriquées, étalées ou dressées, etc. — Printemps.

C C. — Sur la terre, dans les endroits frais.

Var. *ericetorum*; *J. bicuspidata var. ericetorum Syn. Hep. p. 140; J. reclusa Tayl.; Spruce, p. 113.* — Petite plante rouge ou brune, à rameaux stériles courts, couchés ou redressés, rigides. — Pyrénées : Pic de Ger et vallée de Castelloubon (Spruce).

†† Lobes connivents ou recourbés.

42 (75). **J. connivens** *Dicks., f. IV, t. XI, f. 15; Hook., Brit. Jung., t. XV; Syn. Hep., p. 141; Boulay, p. 810; Cogn., p. 36; Hep. Gall., n° 38.*

Touffes lâches d'un vert pâle. Tige (f. a) couchée, grêle, rameuse, longue de 5-15 mill. F. espacées (f. b), quelquefois imbriquées, subhorizontales, *orbiculaires, décurrentes,* divisées jusqu'au tiers en deux lobes *ovales,* aigus, *connivents* (f. c). F. de l'inv. (f. d) divisées profondément en 2-4 lobes lancéolés ou linéaires, entiers, égaux ou inégaux. Pér. oblong-cylindrique, plissé-trigone dans la partie supérieure, cilié à l'orifice. — Printemps.

A R. — Sur la terre et les troncs pourris, dans les bois et dans les marais. — Pyrénées : Une seule fois à la Hourquette d'Aspin (Spruce). R. dans la Haute-Vienne : Chamboret et Aixe (Lamy). Mont-Dore (Lamy). Loire (Peyron). Bretagne : C. dans le Finistère (Camus) ; le Petit-Rocher, en Théhillac (de La Godelinais) ; Pontivy (Cauvin) ; étang de Paimpont (Gallée). Normandie : Mortain, Vire, Falaise (Brébisson). Paris : Saint-Léger, Fontainebleau (Bescherelle). Répandu dans tout le Haut-Jura. C. dans toute la chaîne des Vosges (Boulay). Belgique : Montagne Saint-Pierre (Marchal) ; Beauvels (Lecoyer) ; Louette-Saint-Pierre, Villerzie, Rienne (Gravet).

43 (76). **J. curvifolia** *Diks., fasc. II, t. V, f. 7; Hook. Brit. Jung., t. XVI; Syn. Hep., p. 142; Boulay, p. 811.*

Touffes d'un vert pâle. Tige (f. a) couchée, grêle, rameuse, longue de 10-20 mill. F. imbriquées, étalées-ascendantes (f. b), suborbiculaires, *élargies* vers le milieu, *très-concaves*, divisées jusqu'au milieu en deux lobes *linéaires, recourbés* (f. c) ; sinus largement arrondi. F. de l'inv. (f. d) ovales, divisées en deux lobes ovales-lancéolés, *dentés*, souvent un peu inégaux. Pér. cylindrique, plissé-trigone dans la partie supérieure. — Été.

R. — Sur les troncs pourris, dans les forêts des montagnes. — Pyrénées : A C., mais généralement peu abondant à chaque localité.

Alpes : Villard-de-Lans, Grande-Chartreuse (Ravaud). Saint-Léger, près Paris (Bescherelle). Jura : la Dôle (Müller) ; le Suchet (Reuter). Vosges : Champenay, Preyé, Laveline, Liézey, Blanchemer, etc. (Boulay). Ardennes (Libert).

44 (77). **J. Turneri** *Hook. Brit. Jung., t. XXIX ; Syn. Hep., p. 143 ; Boulay, p. 811.*

Touffes rougeâtres. Tige (f. a) couchée, rameuse, très-courte (4-6 mill.) F. rapprochées, étalées, *repliées-concaves* (f. b), obovales, divisées jusqu'au milieu en deux lobes ovales, garnies de *dents inégales* (f. c). Amp. *nuls.* F. de l'inv. divisées en 3-4 lobes dentés. Pér. cylindrique, plissé-anguleux.

R R R. et très-peu abondant aux localités citées. — Sur la terre des rochers exposés au nord, talus des fossés, bruyères. — Vienne : Pindray (Chaboisseau) ; Montmorillon (Delacroix). Maine-et-Loire : Cholet (Camus) ; Angers (Guépin 1824) ; Ille-et-Vilaine : Redon (de La Godelinais).

Le **J. dentata** *Raddi, Jung. Etr., p. 12, t. IV, fig. 4,* dont je n'ai pas vu d'échantillons, est une espèce voisine de la précédente. Elle en diffère, d'après Spruce, par la présence d'*amphigastres* lancéolés ou subulés et dentés, les feuilles plus grandes et *moins repliées*. — La figure de Raddi semble indiquer que les dents des f. sont égales.

R R R. — Dans les lieux sablonneux avec le *J. bicrenata* et le *Trichostomum subulatum* à Saint-Sever, département des Landes (Spruce).

Sect. IV. — ÆQUIFOLIÆ Nees.

Feuilles et amp. semblables, de sorte que la tige est garnie de trois rangs de feuilles.

† Feuilles divisées en 2-4 lanières subulées.

45 (78). **J. setacea** *Web. ; Hook., Brit. Jung., t. VIII ; Syn. Hep., p. 114 ; Boulay, p. 812 ; Roze et Bescherelle, n° 180. Blepharostoma setacea Dum. ; Cogn., p. 36.*

Touffes lâches d'un vert jaunâtre. Tige (f. a) couchée ou dressée au milieu des mousses, longue de 10-20 mill., rameaux nombreux, pinnés. F. étalées, dressées (f. b), recourbées à l'extrémité, divisées jusque près de la base en 2-3 lobes *lancéolés-linéaires*, formées de *deux* séries de cellules (f. c). Pér. subcylindrique, cilié à l'orifice. — Été.

A R. — Dans les bois marécageux, les tourbières, et sur les troncs pourris. — Pyrénées : Vallée de Jéret, Crabioules (Spruce) ; vallée du

Lys (Husnot) ; Mail de Cristal (Goulard) ; vallée d'Arrens , lac d'Orrédon, Saint-Lizé, vallée du Lutour (Renauld). Hautes-Alpes : vallée de Molines (Husnot). Haute-Vienne (Lamy). Vienne (Delacroix). A C. dans l'Ille-et-Vilaine et le Finistère (Camus). Morbihan (de La Godelinais). Normandie : Mortain, Falaise (Brébisson). Bayeux (Bertot et de Bonnechose). Paris : Saint-Léger, Fontainebleau (Roze et Bescherelle).

Var. *sertularioides Hüb. ; Hep. Gall.*, *n° 113.* — Tige allongée, moins rameuse, pâle ; feuilles plus distantes. — Normandie : Vire, Falaise (Brébisson). Belgique : Louette-Saint-Pierre (Gravet).

Var. *Schultzii Hüb. ; Hep. Gall.*, *n° 39.* — Tige raide, dressée ; f. rapprochées-imbriquées, moins profondément divisées, lobes plus larges et plus courts. — Belgique : Macyseyck (Cogniaux) ; Louette-Saint-Pierre (Delogne et Gravet).

46 (79). **J. trichophylla** *L. Sp. pl.; Hook. Brit. Jung., t. VII ; Syn. Hep., p. 145 ; Boulay, p. 812 ; Hep. Gall., n° 40. Blepharostoma trichophylla Dum. ; Cogniaux, p. 36.*

Touffes d'un vert pâle ou jaunâtre. Tige (f. a) couchée ou dressée au milieu des mousses, très-grêle, rameuse, longue de 10-30 mill. F. étalées-dressées (f. b), divisées jusqu'à la base en 3-4 lobes *linéaires-filiformes*, formés d'une *seule série* de cellules (f. c). Pér. oblong, blanchâtre, longuement cilié à l'orifice. — Printemps — Été.

Sur les bois pourris, les rochers et la terre parmi les mousses. — C. dans les montagnes. R. dans les plaines. — Limoges (Lamy). Normandie : Vaux et La Tour près Falaise (Brébisson). Paris : Montmorency (Havet) ; Villers-Cotterets , Saint-Aubin-en-Braye , Fontainebleau (Roze et Bescherelle). Bas-Rhin (Buchinger). Belgique : Frahan (Delogne) ; Louette-Saint-Pierre, Orchimont, Vonèche (Gravet) ; Straimont, Neufchâteau, Longlier (Verheggen) ; Liége (Dossin) ; Montagne Saint-Pierre (Marchal).

†† Feuilles à deux lobes ovales.

47 (80). **J. julacea** *L. Sp. Pl. ; Hook., Brit. Jung., t. II ; Spruce, p. 113 ; Zetterstedt, p. 20 ; Lamy, Revue Bryol., 1875, p. 40 ; Hep., Gall., n° 77.*

Touffes très-compactes, grises. Tige (f. a) dressée, grêle, dichotome, *julacée*, renflée au sommet (f. b), longue de 5-15 mill. F. *raides, fortement imbriquées*, dressées contre la tige (f. b), divisées jusqu'au milieu en deux lobes *ovales-lancéolés*, aigus, *sinués* (f. c). F. intérieures de l'invol.

quadrilobées. Pér. (f. d)\[ovale, plissé, denticulé, *large* à l'orifice. — Eté.

R R. — Sur les rochers des hautes montagnes jusque dans le voisinage des neiges éternelles. — Pyrénées : Crabioules, lac Lehou (Spruce) ; Maladetta, Port d'Oo (Zetterstedt). Esquierry, Tusse de Maupas, Port de la Glère, la Rencluse, lac de Gregonio, vallée de Castanèze, Crabère (Husnot). Mont-Dore : Rochers de Dentbouche et de Sancy (Lamy).
Cette espèce doit se trouver aussi dans les Alpes françaises.

Var. *glaucescens Nees ; Hep. Gall.*, n° 78. — Plante glauque. — Croît avec le type.

Var. *gracilis Hook ; Hep. Gall.*, n° 79. — Tige grêle, plus longue ; feuilles plus distantes. — Rochers humides du Val d'Esquierry dans les Pyrénées (Husnot).

48 (81). **J. laxifolia** *Hook., Brit. Jung., t. LIX ; Syn. Hep., p. 147 ; Zetterstedt, Hep. Pyr., p. 20.*

Plante d'un vert sombre. Tige (f. a) grêle, rameuse, longue de 5-15 mill. F. *molles, espacées*, dressées-étalées (f. b), concaves, divisées jusqu'au tiers ou à moitié en deux lobes ovales-lancéolés, *entiers*, égaux ou un peu inégaux, et alors le plus large est obtus et l'autre aigu (f. c). F. intérieures de l'invol. *bilobées*. Pér. (f. d) oblong, légèrement plissé, denticulé, *rétréci* au sommet.

R R R. — Sur les rochers dans les ruisseaux. — Pyrénées : Cascade d'Enfer, Port d'Oo (Zetterstedt).

Obs. — Le *J. rostellata*, décrit ci-dessous, devrait être placé avant le *J. pumila*, p. 31.

49 (82). **J. rostellata** *Hüb., Hep. Germ., p. 95 ; Hüb. et G.*, n° 67 ; *Gogniaux, Hep. Belges, p. 26. J. Zeyheri, Syn, Hep., p. 96 ; Hampe, n° 34, non Hüb.*

Plante d'un vert sombre. Tige (f. a) rampante, ascendante au sommet, rameuse, longue de 10-15 mill. F. inférieures et moyennes étalées, planes (f. b), les supérieures *concaves-amplexicaules*, les unes et les autres *oblongues*. F. de l'inv. (f. c) concaves-amplexicaules, étalées ou dressées, entières. Pér. (f. c) dépassant *longuement* l'involucre, penché, *subcylindrique*, *atténué* au sommet, légèrement plissé.

R R R. — Rochers humides, principalement au bord des ruisseaux. — Finistère : Près du moulin de Crann près Huelgoat (Camus). Belgique : Orchimont (Gravet) ; environs de Malmédy (Libert in Hüb., *l. c.*).

Le *J. Zeyheri* Hüb., *l. c.*, p. 89, diffère, d'après cet auteur, du *J. rostellata* par la présence de grands amph. largement ovales, bifides, à segments lancéolés, et les f. de l'invol. cordées-émarginées au sommet.

CLEF ANALYTIQUE DES ESPÈCES.

23	Lobes presque égaux	minuta. **V.**
	Lobes inégaux	24
24	Lobes obtus	obtusifolia. **III.**
	Lobes aigus	25
25	Lobe supérieur égalant 1/2 de l'inférieur	Diksoni. **II.**
	Lobe sup. beaucoup plus petit, excepté aux f. du sommet.	exsecta. **IV.**
26	Amph. et f. semblables, disposées sur 3 rangs. » . . .	27
	Amph. nuls ou plus petits que les f.	28
27	F. molles, espacées.	laxifolia. **XLVIII.**
	F. raides, imbriquées.	julacea. **XLVII.**
28	Lobes connivents ou recourbés	29
	Lobes droits	30
29	Lobes larges, courts, connivents.	connivens. **XLII.**
	Lobes étroits, recourbés.	curvifolia. **XLIII.**
30	Lobes des f. caulinaires lobulés ou dentés.	31
	Lobes des f. caulinaires entiers.	32
31	F. suborbiculaires, ondulées.	incisa. **XXXV.**
	F. obovales, concaves.	Turneri. **XLIV.**
32	Pér. terminant un rameau spécial plus court.	33
	Pas de rameau fructifère spécial	36
33	F. lobées jusqu'au 1/4.	Francisci. **XXXVIII.**
	F. lobées jusqu'au milieu	34
34	F. carrées, lobes divergents	divaricata. **XXXIX.**
	F. ovales ou suborbiculaires, lobes dressés	35
35	F. suborbiculaires.	catenulata. **XL.**
	F. ovales.	bicuspidata. **XLI.**
36	Plante blanche.	albescens. **XXIV.**
	Plante verte ou brune.	37
37	F. légèrement échancrées, sinuées-dentées	Wenzelii. **XXVIII.**
	F. distinctement lobées	38
38	Bords des f. repliés en dessous.	orcadensis. **XXVII.**
	Bords des f. non repliés en dessous.	39
39	F. supérieures de l'invol. bilobées	40
	F. sup. de l'invol. 3-4 lobées.	44
40	Lobes aigus ou obtus, atteignant à peine 1/4 de la f. . .	41
	Lobes obtus atteignant 1/3 de la f.	42
41	Pér. lisse, dépassant longuement l'inv.	acuta. **XXV.**
	Pér. fortement plissé, dépassant à peine l'invol. .	Hornschuchiana. **XXVI.**
42	F. obovées d'un brun noirâtre	inflata. **XXI.**
	F. quadrangulaires ou arrondies, vertes.	43
43	Pér. plissé, denté à l'orifice	Wilsoniana. **XXII.**
	Pér. lisse, bilobé.	turbinata. **XXIII.**
44	F. raides, concaves; lobes un peu inégaux.	minuta. **V.**
	F. molles; lobes égaux	45
45	Tige de plus d'un centimètre.	49
	Tige ne dépassant pas un cent'.	46
46	F. présentant un lobule près de la base.	arenaria. **XXXIV.**
	F. n'ayant que 2 lobes.	47
47	F. invol. supérieures plus larges que longues	intermedia. **XXXII.**
	F. invol. sup. plus longues que larges.	48

4

VIII. LIOCHLÆNA *N. ab Es., Syn. Hep., p. 150.*

Ce genre ne diffère du genre *Jungermannia* que par le périanthe longuement saillant, lisse, *arqué, déprimé* au sommet, qui est percé d'un petit trou central (f. 83, c).

(83). **L. lanceolata** *Nees, Syn. Hep., p. 150; Spruce, p. 113; Hepat. Gall., n° 8. Jungermannia lanceolata L.; Hook., Brit. J., t. XXVIII; Boulay, p. 790.*

Touffes compactes d'un vert foncé ou jaunâtre. Tige (f. a) couchée, redressée au sommet, garnie de nombreuses radicules, longue de 5-15 mill. F. (f. b) étalées, imbriquées, obliques, *ovales, entières.* Pas d'amph. F. de l'inv. (f. c) étalées-dressées, amplexicaules. Pér. (f. c) décrit ci-dessus. — Print. — Été.

A C. dans les montagnes, R R. dans les plaines. — Sur les bois pourris et les pierres humides du bord des ruisseaux et dans les marécages des forêts. — Pyrénées : A C. Alpes : Villard-de-Lans, aux Touches (Ravaud). Cantal : forêt du Lioran (Husnot). Ille-et-Vilaine : Bourg-des-Comptes (Gallée). Calvados : forêt de St-Sever (Dubourg). Environs de Paris (Mérat, Chevallier). Est : A C. (Boulay).

IX. SPHAGNŒCETIS *Nees, Syn. Hep., p. 148.*
Odontoschisma Dum.

F. *orbiculaires,* entières. Rameau fertile *court,* garni de *petites feuilles spéciales.*

(84). **S. communis** *Nees, Syn. Hep., p. 148; Boulay, p. 814; Hep. Gall., n° 41. Jungermannia sphagni Dicks.; Hook., Brit. J., t. XXXIII.*

Touffes lâches, d'un vert jaunâtre. Tige (f. a) couchée ou dressée au milieu des sphaignes, flexueuse, simple ou peu rameuse, garnie de *stolons* (f. b), longue de 20-50 mill. F. (f. b) ascendantes, imbriquées, épaisses, *orbiculaires,* entières. Rameau fertile (f. c) naissant latéralement, redressé au-dessus de la tige, court, garni de *petites folioles* dont les inférieures sont *émarginées* et les supérieures un peu plus grandes et *bilobées*. Pér. (f. c) subcylindrique, trigone au sommet, denticulé à l'orifice. — Été.

A R. — Dans les marais parmi les Sphaignes. — Dax (Grateloup). A C. en Bretagne (Camus). Normandie : Mortain (Husnot) ; Bayeux (Berlot et de Bonnechose) ; Vire, Falaise, etc. (de Brébisson). Saint-Léger près Paris (Bescherelle). Jura : Les Rousses, Pontarlier (Husnot). Vosges : Bruyères, Gérardmer, Hohneck (Mougeot) ; Gazon-Martin (Boulay). Belgique : Entre Wetteren et Alost (Kickx) ; Liége (Dossin) ; Malmédy (Libert) ; Maestricht (Frankinet) : Mayeseck (Cogniaux) ; Louette-Saint-Pierre, Rienne, Nafraiture (Gravet).

Var. *macrior Nees*, *Syn. Hep.*, *p. 149 ; J. denudata Nees ; Odontoschisma denudatum Dum.* — Tige ascendante, munie dans la partie supérieure de feuilles plus petites et d'amph. lancéolés, terminée par des granulations. — Sur les troncs pourris des forêts des Pyrénées (Dumortier).

X. LOPHOCOLEA *Dum., Rev. Jung., p. 17 ; Syn. Hep., p. 151 ; Boulay, p. 814.*

F. bidentées ou émarginées, amph. lobés. Périanthe subcylindrique, trigone, divisé au sommet en *trois lobes grands et dentés* (f. 85, d).

1 {	F. moyennes entières ou émarginées	**heterophylla.**
	Toutes les f. distinctement bilobées.	**2**
2 {	Amp. à 2 lobes entiers.	**minor.**
	Lobes des amp. lobulés ou dentés.	**3**
3 {	Tige peu rameuse, pér. devenant latéral	**bidentata.**
	Tige très-rameuse, pér. terminal.	**Hookeriana.**

1 (85). **L. bidentata** *Nees, Eur. Leb. II, p. 327 ; Syn. Hep., p. 159 ; Boulay, p. 814 ; Hep. Gall., n° 42. L. lateralis Dum. Jungermannia bidentata L.*

Touffes très-lâches, d'un vert pâle ou jaunâtre. Tige (f. a) couchée, flexueuse, simple ou *peu rameuse*, longue de 20-40 mill. F. (f. b) étalées, planes, imbriquées, rarement espacées, ovales-triangulaires, divisées au sommet en *deux lobes aigus*, ordinairement un peu inégaux ; sinus large, arrondi. Amp. (f. c) nombreux, profondément divisés en *quatre* lobes inégaux, les deux intérieurs plus grands, lancéolés-acuminés, les deux extérieurs linéaires. F. de l'inv. (f. d) ovales, divisées en deux lobes ovales, longuement acuminés, entiers ou ayant une dent en dehors. Pér. (f. d) devenant *latéral*, cylindrique, *trigone*, trilobé au sommet. — Printemps.

CC. — Sur la terre dans les haies et les bois.

2 (86). **L. Hookeriana** *Nees*, *Eur. Leb.*, *II*, *p. 336 ; Syp. Hep., p. 161 ; Boulay, p. 816 ; Delogne et Gravet, Hep. de l'Ard., n° 6. Jungermannia bidentata Hook., Brit. J., t. XXX.*

Touffes lâches, d'un vert gai. Tige (f. a) couchée, flexueuse, *très-rameuse*', longue de 15-30 mill. F. étalées, planes, imbriquées, ovales-triangulaires, à deux lobes aigus. Amp. (f. b) profondément divisés en *deux* lobes lancéolés-acuminés, munis en dehors d'un lobule linéaire. F. de l'inv. (f. c) à bords repliés en dehors, plus longues que les f. caulinaires, divisées en deux lobes lancéolés. Pér. (f. c) *terminal*, trigone-ailé dans toute sa longueur.— Espèce voisine de la précédente, dont elle n'est probablement qu'une variété.

R R R. ou confondu avec le *L. bidentata.* — Rochers humides.— Le Mont-Dore (Lamy). Manche : la Falaise près Saint-Lô (Lebel). Vosges : le Hohneck (Mougeot). Belgique : Louette-Saint-Pierre (Gravet).

3 (87). **L. minor** *Nees*, *Eur. Leb.*, *II*, *p. 330 ; Syn. Hep.*, p. 160 ; Boulay, p. 815 ; Hep. Gall., n° 114. Jungermannia bidentata, var. minor Raddi. Jung. Etr., t. IV, f. 3.*

Touffes assez compactes d'un vert pâle ou jaunâtre. Tige (f. a) couchée, flexueuse, très-rameuse, *grêle*, longue de 5-15 mill. F. étalées, planes. non imbriquées (f. b) ou très-légèrement, *ovales-rectangulaires*, divisées en deux lobes aigus (f. c) ou subobtus ; sinus étroit, aigu ou un peu arrondi. Amp. (f. d) profondément divisés en *deux* lobes divergents, lancéolés-acuminés, *entiers.* F. de l'inv. plus allongées, bilobées. Pér. trigone au sommet.

A R. — Sur la terre, les bois pourris et les rochers ombragés.— Pyrénées : Bagnères-de-Bigorre, vallée d'Aure (Spruce) ; Superbagnères (Zetterstedt) ; Canigou (Gautier). Bords du Gardon au-dessous de Saint-Nicolas, Brama-Bioou dans les Cévennes, Mende (Boulay). Haute-Vienne : forêt de Bort (Lamy). Mont-Dore : A C. (Lamy). Ille-et-Vilaine : aux buttes de Coesmes près Rennes (Gallée). Alpes : Taillefer (Ravaud) ; Noirons (Müller). Haute-Saône : Fouvent, Argillières (Renauld). Jura : le Salève, la Dôle (Müller). Vosges : Saint-Claude. Lützelbourg (Boulay). Belgique : entre Chiny et Straitmont, Nettine (Verheggen) ; Beauwelz, Dinant (Lecoyer) ; Frahan (Delogne) ; Anseremme (Gravet).

Var. *erosa* Nees. — Feuilles et amp: érodés-granulifères.
Cà et là avec le type.

4 (88). **L. heterophylla** *Dum., Rev. J., p. 17; Syn.
Hep., p. 164; Boulay, p. 817; Cogn., p. 33; Hep. Gall.,
n° 80. Jungermannia heterophylla Schrad.; Hook Brit.
J., t. XXXI.*

Touffes assez compactes, d'un vert jaunâtre. Tige (f. a)
couchée, radiculeuse, rameuse, longue de 10-25 mill. F.
(f. b) imbriquées, *carrées*, arrondies au sommet qui est
entier ou *émarginé;* les inférieures *bidentées* ou *bilobées.*
Amp. (f. c) profondément divisés en deux lobes lancéolés-acuminés, dentés ou lobulés. F. de l'inv. (f. d)
divisées en deux lobes ovales, aigus, *dentés.* Pér. (f. d)
terminal, large, obové, trilobé au sommet. — Printemps.

A R — Sur la terre et les bois pourris dans les bois. — Pyrénées :
Cascade du Cœur (Spruce). Mont-Dore : Cascade du Serpent (Lamy).
Alpes : Saint-Nizier près Grenoble (Ravaud) ; la Grande Chartreuse
(Husnot). Maine-et-Loire : Gennes-les-Rosiers (Trouillard) ; Cholet
(Camus). Ille-et-Vilaine (Gallée). Normandie : Vire (Lenormand) ;
près la gare de Berjou-Cahan (Husnot) ; Falaise (Brébisson). Envi-
rons de Paris : Ville-d'Avray (Brongniart) ; Meudon (Camus) ; Saint-
Germain-en-Laye (Tulasne) ; Versailles, Bondy, Montmorency (Roze
et Bescherelle). Est : Le Salève, la Dôle (Müller) ; le Suchet (Boulay) ;
C. dans les Hautes-Vosges (Boulay). Belgique : A C.

Obs. — Le *Lophocolea Vogesiaca* Nees (*Jungermannia
Vogesiaca* Hüb.) est une espèce douteuse restée inconnue.

XI. HARPANTHUS *Nees, Eur. Leb., II, p. 351;
Syn. Hep., p. 170; Boulay, p. 818.*

F. bilobées ; amph. nombreux. Rameau fructifère spécial, très-court. Coiffe *adhérente au périanthe* (f. 89, e),
libre seulement au sommet.

(89). **H. scutatus** *Spruce, Musci and Hep. Pyr., p.
114; Boulay, p. 818. Jungermannia scutata Web. et M.;
Syn. Hep., p. 101; Del. et Grav., n° 34. J. stipulacea
Hook., Brit. J., t. XLI.*

Touffes d'un vert pâle ou rougeâtre. Tige (f. a) couchée,
dressée au sommet, simple ou rameuse, garnie de radicules, longue de 5-15 mill. F. dressées ou étalées (f. b),
imbriquées, plus rarement espacées, *suborbiculaires*, à
deux lobes entiers, aigus (f. c) ou subobtus. Amp. (f. d)
nombreux, grands, *ovales-triangulaires*, aigus, entiers

ou munis de 1 ou 2 dents. Rameau fertile spécial, très-court. F. de l'invol. *petites*, dressées, 2-3 lobées. Pér. (f. e) ovale, plissé dans la partie supérieure, lobulé-denté à l'orifice. Coiffe adhérente au pér. (f. e), libre seulement vers le sommet qui est brièvement et irrégulièrement lobé.

R R. — Sur les troncs pourris et dans les fissures des rochers des forêts. — Pyrénées : Crabioules (Spruce). Vosges : Hohneck, Bruyères (Mougeot) ; vallée de la Vologne, Saint-Dié, entre Lützelbourg et Saverne (Boulay). Belgique : les Hayons (Delogne) ; Neufchâteau, Heure (Verheggen).

XII. CHILOSCYPHUS *Corda ; Syn. Hep., p. 171; Boulay, p. 819.*

Tige couchée ; f. *entières ;* amp. bifides. Rameau fructifère très-court, f. de l'inv. *très-petites ;* pér. *court,* divisé en 2-3 *grands* lobes. Coiffe ordinairement exserte.

(90). **C. polyanthus** *Corda ; Syn. Hep., p. 188 ; Boulay, p. 819 ; Cogn., p. 37; Hep. Gall., n° 11. Jungermannia polyanthus L. ; Hook., Brit. J., t. LXII.*

Touffes lâches, d'un vert tendre ou pâle. Tige (f. a) couchée, molle, simple ou dichotome, garnie de radicules, longue de 20-40 mill. F. (f. b) étalées, légèrement imbriquées, *carrées,* arrondies au sommet ou légèrement rétuses. Amp. souvent détruits, divisés jusque près de la base en deux lobes *lancéolés-linéaires* (f. c). Rameau fertile spécial très-court ; f. de l'inv. très-petites, bilobées (f. d). Pér. (f. d) *court,* obové, divisé au sommet en 2-3 lobes subentiers. Coiffe (f. d) *dépassant de moitié* le pér., irrégulièrement lobée à l'orifice.

C. — Dans les endroits humides des prés et des bois, et sur les pierres dans les ruisseaux.

Var. *rivularis Lind. ; Hep. Gall., n° 12.* — Plante d'un vert foncé ou brunâtre ; tige longue, rameaux nombreux ; amp. plus larges et denticulés, manquant souvent.

A R. — Sur les pierres dans les ruisseaux. — Pyrénées : Vallée de Burbe (Husnot). C. dans la Haute-Vienne (Lamy). Ille-et-Vilaine (Gallée). A C. dans le Finistère (Camus). Manche, Orne (Husnot). Calvados (Brébisson). Vosges (Boulay).

Var. *pallescens; C. pallescens Dum. ; Syn. Hep., p. 187; Hep. Gall., n° 10.* — Périanthe à 3 lobes *laciniés-dentés ;*

coiffe ordinairement exserte, quelquefois ne dépassant pas le pér.

A R. — Sur la terre dans les bois humides, plus rarement sur les rochers. — Pyrénées : Mont-Lhiéris (Spruce). Ille-et-Vilaine (Gallée). Alpes : Provésieux, Parménie, Villard-de-Lans (Ravaud); Pringy (Puget). Vosges. Belgique ; A C.

Var. *lophocoleoides; C. lophocoleoides Nees; Syn. Hep,*, p. 186 ; Boulay, p. 820.

F. *ovales,* lobes des amph. *subulés.* Pér. à trois lobes inégalement dentés ; coiffe ne *dépassant pas* le pér.

R R. — Tourbières de Gazon-Martin (Mougeot) et dans plusieurs autres marécages des Hautes-Vosges (Boulay).

Trib. III. — SACCOGYNÉES.

Périanthe remplacé par un involucre ou périgyne charnu, sacciforme, pendant au-dessous de la tige, à laquelle il est attaché au sommet par un côté.

XIII. SACCOGYNA *Dum., Comm. b., p. 113; Syn. Hep., p. 194.*

F. *entières*, succubes. Périgyne charnu, *glabre*. Coiffe incluse, adhérant au périgyne, libre seulement dans le quart supérieur.

(91). **S. viticulosa** *Dum., Comm. bot., p. 113; Syn. Hep., p. 194; Hep. Gall., n° 115; Jungermannia viticulosa L.; Hook., Brit. J., t. LX.*

Touffes larges d'un vert jaunâtre. Tige (f. a) couchée, radiculeuse, rameuse, longue de 20-40 mill. F. (f. b) étalées, planes à l'état humide, bords recourbés en dessous par la sécheresse, imbriquées, *ovales, entières*. Amp. (f. c) *ovales-lancéolés*, dentés. Périgyne (f. d) charnu, sacciforme, *glabre*, pendant au dessous de la tige, irrégulièrement lobé au sommet.

R R. — Rochers de la région maritime de l'Océan et de la Manche. — Saint-Pandelon près Dax (Spruce). A C. dans le Finistère : Braspart, Saint-Rivoal, Huelgoat, le Relec, Saint-Herbon, Cranou (Camus); Anse-des-Rivières près Saint-Mâlo (Gallée). Cherbourg (De Brébisson).

Var. *minor* Nees. — Plante plus grêle ; f. plus étroites, espacées ou très-légèrement imbriquées.

Finistère : grotte dans le vallon d'Huelgoat (Camus).

XIV. GEOCALYX *Nees, Eur. Leb., I, p. 102; Syn. Hep., p. 194; Boulay, p. 821.*

F. *bilobées*, succubes. Périgyne (f. 92, d), charnu, sacciforme, *velu* au-dessous de son point d'attache. Coiffe incluse, libre au sommet.

(92). **G. graveolens** *Nees, Eur. Leb., II, p. 492; Syn. Hep., p. 195; Boulay, p. 821. Jungermannia graveolens Schrad.; Ekart, t. IX, f. 67.*

Plante d'un vert clair. Tige (f. a) couchée, rameuse, garnie de nombreuses radicules, longue de 10-25 mill. F. (f. b) étalées, légèrement imbriquées, ovales-quadrangulaires, divisées jusqu'au cinquième en *deux lobes* aigus. Amp. (f. c) ovales-lancéolés, divisés jusqu'au-dessous du milieu en *deux lobes* lancéolés-linéaires. Périgyne (f. d) charnu, sacciforme, *velu* au-dessous du point d'attache, pendant au-dessous de la tige, irrégulièrement lobé au sommet.

R R R. — Rochers et sables humides. — Isère : forêt des Touches près Villard-de-Lans (Ravaud). Vosges : Bruyères (Mougeot) ; Saint-Dié (Boulay) ; Preyé (Lemaire). Belgique (Dumortier).

XV. CALYPOGEIA *Raddi, Jung. Etr., p. 20; Syn. Hep., p. 194; Boulay, p. 822. Cincinnulus Dum.*

F. *incubes*. Amp. nombreux. Périgyne (f. 93, d) sacciforme, *velu tout autour*, suspendu à la tige par un des côtés du sommet, enfoncé dans la terre. Coiffe libre dans le quart supérieur. Capsule allongée, *tordue ;* valves contournées.

F. ordinairement entières, amp. à 2 lobes courts.	Trichomanis.
F. bidentées, amp. à lobes profonds et subulés.	arguta.

1 (93). **C. Trichomanis** *Corda; Syn. Hep., p. 198; Boulay, p. 822; Hep. Gall., n° 81. Cincinnulus Trichomanis Dum. Jungermannia Trichomanis Dicks.; Hook., Brit. J., t. LXXIX.*

Plante d'un vert pâle ou un peu glauque. Tige (f. a) couchée, garnie de nombreuses radicules, simple ou peu rameuse, longue de 15-30 mill. F. (f. b) imbriquées, convexes, ovales – arrondies, obtuses ou légèrement émarginées au sommet. Amp. (f. c) nombreux, larges, orbiculaires, à deux lobes *courts, ovales-triangulaires,*

obtus. Périgyne (f. d) décrit ci-dessus, long. de 3-4 mill. —
Printemps.

A C. — Sur la terre des sentiers des bois et sur les troncs pourris.
— Belgique : Rochehaut (Delogne). C'est la seule localité belge
(Gravet).

Var. *fissa; Colypogeia fissa Raddi, Jung. Etr., t. VI,
f. 3 ;* var. *repanda Nees.* — F. distinctement bidentées ou
bilobulées ; amp. à lobes plus profonds et plus aigus,
ayant ordinairement chacun une petite dent en dehors.

Gard : anfractuosités des rochers de schiste au bord d'une source
à l'Hort-de-Dion (Boulay). Mont-Dore : vieilles souches de sapin
entre la Grande Cascade et la Cascade du Serpent (Lamy).

Var. *Sprengelii Nees ; Jungermannia Sprengelii Mart.*
— F. plus espacées, plus ovales, plus pâles ; amp. plus
petits.

Rochers humides et marécages. — Pyrénées : Val d'Esquierry
(Husnot). Vosges (Mougeot).

Var. *propagulifera.* — Sommets des tiges redressés,
portant des petites feuilles espacées, terminés par des
granulations. — Dans les lieux ombragés.

2 (94) **C. arguta** *Montagne ; Syn. Hep., p. 199 ;
Boulay, p. 823 ; Lamy, Rev. Bryol., 1875, p. 91 ; Hep.
Gall., n° 82.*

Plante d'un vert pâle. Tige (f. a) couchée, radiculeuse,
très-rameuse, longue de 10-20 mill. F. espacées à la base
des tiges, légèrement imbriquées vers le milieu (f. b),
ovales, décurrentes, munies au sommet de *deux dents
aiguës,* sinus large. Amp. (f. c) cachés dans les radicules,
divisés profondément en deux lobes *subulés, divergents.*
Fructification inconnue.

R R R. — Sur la terre dans le midi de la France (Montagne).
Haute-Vienne : Dans la cavité d'une source d'eau au pied du mont
Laron près de Peyrat-le-Château, sur la voûte et les parois inté-
rieures de la fontaine de Saint-Léger à Bessines (Lamy).

Trib. IV. LEPIDOZIÉES.

F. incubes, 2-4 dentées. Rameau fertile court, naissant
en dessous de la tige, garni de folioles involucrales imbriquées; périanthe allongé, subcylindrique; coiffe incluse,
libre ; valves de la capsule droites.

XVI. LEPIDOZIA *Dum.*, *Rev. Jung.*, *p. 19; Syn. Hep., p. 200; Boulay, p. 824.*

F. incubes, *carrées, 2-4 lobées ;* amp. nombreux, *lobés.* Tige *pinnée* ou *bipinnée.* Rameau fructifère court. Pér. (f. 95, d) allongé, plissé, *hyalin ;* valves de la capsule droites.

Tige couchée, pinnée; f. convexes.	**reptans**
T. dressée, bipinnée, f. concaves	**tumidula.**

1 (95). **L. reptans** *Dum.; Syn. Hep., p. 205; Boulay, p. 824; Hep. Gall., n° 13. Jungermannia reptans L.; Hook, Brit. J., t. LXXV.*

Touffes assez lâches, d'un vert pâle ou jaunâtre. Tige (f. a) *couchée, molle,* pinnée ou bipinnée, longue de 15-30 mill. ; rameaux étalés; quelques-uns atténués, stoloniformes. F. (f. b) imbriquées, *convexes,* carrées, divisées au sommet en 3-4 lobes lancéolés, aigus, souvent recourbés en dessous; celles des rameaux stoloniformes sont espacées et ordinairement bilobées. Amp. (f. c) carrés, 3-4 lobés. F. inférieures de l'inv. ovales-arrondies, les sup. plus allongées, présentant au sommet 3-4 dents courtes et inégales (f. d). Pér. (f. d) *hyalin,* oblong, plissé, lobulé à l'orifice. — Printemps.

A C. — Sur les troncs pourris, les vieilles souches, les rochers et sur la terre au milieu des mousses.

2 (96). **L. tumidula** *Taylor, Syn. Hep., p. 206; Boulay, p. 825; Lamy, Revue Bryol., 1875, p. 92; Hep. Gall., n° 43. L. pinnata Dum. L. cupressina, var. tumidula Carr. J. reptans, var. pinnata Hook., Brit. J., t. LXXV, f. 12.*

Touffes compactes, larges, d'un vert jaunâtre ou brunâtre. Tige (f. a) *dressée, raide,* bipinnée, longue de 20-50 mill., ayant souvent des rameaux flagelliformes. F. (f. b) *très-rapprochées,* imbriquées, *concaves,* divisées jusqu'au tiers en 4 lobes lancéolés, aigus (f. c). Amp. (f. d) très-nombreux, grands, concaves, 4-lobés.

R R R. — Sur la terre et les grosses pierres dans les bois. — Haute-Vienne : Forêt de Saint-Léger-la-Montagne (Lamy). Finistère : Côte nord de Plougastel, près Brest (Husnot).

XVII. MASTIGOBRYUM *Nees, Eur. Leb., III, p. 43; Syn. Hep., p. 214; Boulay, p. 825. Pleurochisma Dum. Bazzania Gray.*

F. *ovales*, 2-3 dentées ; tige *dichotome*. Rameau fructifère court, naissant à l'aisselle d'un amph. Pér. (f. 97, c) allongé, plissé-trigone, divisé au sommet en 3 lobes, plus profondément fendu d'un côté. Coiffe incluse, libre.

Tige très-robuste, f. larges de 2 mill.	trilobatum.
Tige moyenne, f. larges de 1 mill	deflexum.

1 (97). **M. trilobatum** *Nees, Syn. Hep., p. 230; Boulay, p. 825; Hep. Gall., n° 83. Jungermannia trilobata L.*

Touffes très-grosses, d'un *beau vert*. Tige (f. a) dressée, raide, dichotome, longue de 40-100 mill., portant des stolons munis de folioles espacées, obovées, dentées ou laciniées au sommet. F. (f. b) imbriquées, convexes, obliques, ovales, larges de *deux* mill., divisées au sommet en trois dents triangulaires aiguës. Amp. (f. b) arrondis-quadrangulaires, plus larges que la tige, irrégulièrement sinués-dentés au sommet et sur les côtés. Rameau fertile (f. c) garni de petites feuilles ovales, dentées-laciniées. Pér. (f. c) long de 5 mill., un peu courbé, cylindrique, légèrement plissé, atténué au sommet qui est trilobé.

A R. — Sur la terre et les rochers des terrains siliceux. — Pyrénées : Saint-Pandelon (Spruce); gorge de Labassère (Philippe); Luchon (Zetterstedt); Bordères, près Tarbes (Renauld); Saint-Sever (Dufour). Haute-Vienne : Bersac (Lamy). Bretagne : A C., surtout dans le Finistère. Normandie : Mortain, Cherbourg, Alençon, Falaise (Brébisson); Vire (Dubourg); le Châtellier, près Flers (Husnot). Sarthe : Forêt de Perseignes (Chevallier). Environs de Paris : Fontainebleau (Thuiller); Montmorency (Brongniart); Thury-en-Valois (Questier). Alpes : Prémol, le Valgonfrey, forêt du Vallon (Ravaud). Haute-Saône (Renauld). Vosges : Abondant (Boulay). Belgique : Breuze, près de Tournay (Westendorp); environs de Liége (Dossin). Bouillon (Delogne).

2 (98). **M. deflexum** *Nees, Syn. Hep., p. 231; Lindenb. et G., t. XVIII; Boulay, p. 826.*

Plante beaucoup *plus grêle* que l'espèce précédente; d'une couleur *jaunâtre* ou *brunâtre*. F. fortement défléchies, larges de *un* mill. Amp. suborbiculaires, sinués-dentés. F. de l'invol. 2-3 lobulées.

Var. *tricrenatum Nees; Hep. Gall., n° 84. J. tricrenata*

Wahl. — Tige (f. a) raide , couchée-redressée , rameuse, longue de 50-80 mill. F. (f. b et c) *imbriquées* , ovales-triangulaires , 2-3 dentées au sommet, qui est ordinairement *recourbé* en dessous. Amp. crénelés sur les côtés , dentés au sommet.

Var. *implexum Nees; Hep. Gall., n° 85.* — Tige moins raide , couchée ou redressée , rameuse, longue de 20-50 mill. F. moins rapprochées (f. d), *espacées et plus petites* à la base des tiges et sur certains rameaux; souvent il n'y a que deux dents au sommet, qui ordinairement n'est pas recourbé. Amp. entiers sur les côtés , 2-3 dentés au sommet.

Ces deux formes croissent dans les mêmes montagnes, sur les rochers siliceux, dans les forêts; la var. *implexum* est la plus commune. — Pyrénées : A C. Mont-Dore : Denthouche , Bozat (Lamy). Alpes : Chamounix (Husnot), et probablement dans beaucoup d'autres localités. Jura : La Dôle (Müller). Vosges : C. (Boulay).

Trib. V. — PTILIDIÉES.

F. incubes , lobées , *ciliées* ou *laciniées;* amp. ciliés. Pér. obconique ou subcylindrique.

XVIII. TRICHOCOLEA Dum., Comm. bot., p. 113; Syn. Hep., p. 236.

F. *laciniées* jusque vers la base. Pér. terminal ou naissant dans une dichotomie (f. 99, a), *hérissé* de poils , coriace , obconique (f. 99, c) , long de 5-6 mill., dépourvu de plis , superficiellement lobé à l'orifice. Capsule divisée jusqu'à la base en quatre valves.

(99). **T. tomentella** Dum. , p. 113; Syn. Hep., p. 237; Boulay, p. 828; Hep. Gall., n° 14. Jungermannia tomentella Ehr. ; Hook., Brit. J., t. XXXVI.

Plante formant de grosses touffes vertes ou jaunâtres. Tige (f. a) couchée ou dressée au milieu des mousses, bipinnée, longue de 40-100 mill. F. rapprochées , imbriquées , divisées jusque près de la base (f. b) en deux lobes subdivisés en plusieurs autres et en *nombreux et longs cils subulés* et entrecroisés qui recouvrent la tige d'un duvet épais. Amp. divisés comme les feuilles. Pér. (f. c) décrit ci-dessus.

A C. — Marécages et bords des ruisseaux des terrains siliceux, principalement dans les montagnes.

XIX. PTILIDIUM *Nees, Eur. Leb., III, p. 95 ; Syn. Hep., p. 249 ; Boulay, p. 828. Blepharozia Dum.*

F. incubes, à quatre lobes *ciliés ;* amp. *ciliés.* Pér. (f. 100, c) subcylindrique, *glabre*, plissé, lobulé à l'orifice. Capsule divisée jusqu'à la base en quatre valves.

(100). **P. ciliare** *Nees; Syn. Hep., p. 250 ; Boulay, p. 828 ; Lamy, Revue Br., 1876 et 1878 ; Cogniaux, p. 25 ; Hep. Gall., n° 44. Jungermannia ciliaris L.; Hook., Brit. J., t. LXV.*

Plante rougeâtre ou brune. Tige (f. a) couchée ou re-dressée, pinnée ou bipinnée, longue de 20-40 mill. F. étalées, semiamplexicaules, imbriquées, divisées jusqu'au milieu en *quatre lobes inégaux* (f. b) ; les deux lobes su-périeurs ovales-lancéolés, les deux inférieurs lancéolés-linéaires, déjetés de côté et en dessous ; tous les quatre garnis de *nombreux cils* depuis la base jusqu'au sommet. Amp. lobés, ciliés comme les feuilles. F. de l'inv. (f. c) dressées, divisées en 2-4 lobes lancéolés, ciliés. Pér. (f. c) décrit ci-dessus.

R. — Sur la terre, les rochers et les troncs pourris, dans les forêts et les bruyères. — Pyrénées : Superbagnères (Durieu) ; Crabère (Goulard). Gard : Sommet de l'Aigoual (Boulay). Alpes : Forêts de Villard-de-Lans et de la Grande-Chartreuse (Ravaud). Mont-Dore : Pic de la Tache, Bozat (Lamy). Orne : Forêt d'Ecouves, près Alençon (Brébisson). Jura : La Dôle, la Faucille, le Reculet (Müller). Vosges : Vallée de la Vologne, le Hohneck (Mougeot) ; Bresoir, Saint-Dié, Moussey (Boulay). Belgique : Environs de Mons (Du-mont) ; Diepenbeek (Vandenborn) ; Lanklaer (Marchal) ; Malmédy (Libert) ; Louette-St-Pierre (Gravet).

Var. *ericetorum Nees ; Hep. Gall., n° 45. Jungermannia Hoffmanni Wallr.* — Touffes plus lâches, d'un brun pourpre ou violacé ; tige moins ramifiée ; f. plus espacées.

Tourbières de Gazon-Martin (Mougeot). Malmédy (Libert).

Trib. VI. PLATYPHYLLÉES.

F. divisées en deux lobes très-inégaux. Rameau fruc-tifère court ; périanthe vert, campanulé ou ovale, entier ou bilobé.

XX. **RADULA** Dum., Rev. des Jung., p. 14 ; Syn. Hep., p. 253 ; Boulay, p. 830.

F. inégalement bilobées ; *pas* d'amph. Pér. (pl. I, f. 20) vert, campanulé, comprimé, *entier ;* pédicelle *plus long* que le pér. ; capsule divisée *jusqu'à la base* en quatre valves ; coiffe libre.

(101). **R. complanata** Dum. ; Syn. Hep., p. 257 ; Boulay, p. 830 ; Hep. Gall., n° 15. Jungermannia complanata L.

Touffes aplaties, d'un vert foncé ou jaunâtre. Tige (f. a) complètement couchée, très-rameuse, longue de 15-40 mill. F. convexes, imbriquées (f. b), divisées en deux lobes très-inégaux (f. c) ; le lobe supérieur *suborbiculaire,* entier ; le lobe inférieur portant un paquet de radicelles, *quatre fois* plus petit, *rectangulaire,* replié vers le lobe supérieur. *Pas* d'amp. Pér. décrit ci-dessus.

C C C. — Sur les troncs d'arbres, plus rarement sur les rochers.

Var. *propagulifera Hook ; Hep. Gall.,* n° 86. — Bord des feuilles érodé, propagulifère. — Pyrénées (Husnot) ; Mont-Dore (Lamy).

XXI. **MADOTHECA** Dum., Comm. bot., p. 111 ; Syn. Hep., p. 262 ; Boulay, p. 831.

F. bilobées ; l'inférieur plus petit, dressé vers le supérieur ; des *amph. nombreux.* Pér. vert, *ovale-renflé, bilabié* (f. 105, c). Pédicelle *ne dépassant pas* le pér. ; capsule (f. 105, c) divisée jusqu'au *tiers* inférieur en quatre valves ; coiffe globuleuse se déchirant au-dessous du sommet.

Obs. — Les feuilles et les amp. des *Madotheca* sont repliés en-dessous par la sécheresse, quelquefois même fortement enroulés. — Les *M. lævigata, platyphylla* et *porella* sont bien caractérisés et faciles à distinguer. Il n'en est pas de même des trois autres espèces, qui ne sont probablement que des variétés du *M. platyphylla.*

1	F. et amph. dentés.	lævigata.
	F. et amp. entiers	2
2	T. dénudée, rameaux divergents, f. elliptiques.	Porella.
	Rameaux non divergents, f. suborbiculaires	3

3 {	Lob. inf. atteignant 1/2 du sup.	**4**
	Lobe inf. n'atteignant que 1/3 du sup.	rivularis.
4 {	Amp. réniformes.	platyphylloidea.
	Amp. ligulés ou arrondis.	**5**
5 {	Lobe inf. naviculaire	navicularis.
	Lobe inf. non naviculaire.	platyphylla.

1 (102). **M. lævigata** *Dum. ; Syn. Hep., p. 276 ; Boulay, p. 831 ; Hep. Gall., n° 46. Jungermannia lævigata Schrad. ; Hook., Brit. J., t. XXXV.*

Touffes d'un vert jaunâtre ou brunâtre, *brillantes*. Tige (f. a) rameuse, longue de 50-100 mill. F. fortement imbriquées (f. b), divisées en deux lobes inégaux, *dentés* (f. c) ; le lobe supérieur ovale, aigu ; l'inférieur ovale, n'atteignant que la moitié de la longueur du sup. Amp. (f. d) oblongs, émarginés au sommet, *dentés* tout autour.

A C. — Sur les troncs d'arbres, les vieilles souches et les rochers.

2 (103). **M. navicularis** *Dum. ; Syn. Hep., p. 277. Jungermannia navicularis Lehm.*

Touffes d'un vert jaunâtre. Tige molle, garnie de rameaux *dressés*, longue de 40-80 mill. F. légèrement imbriquées ; lobe supérieur (f. a) ovale-suborbiculaire ; l'inférieur ovale-cordé, *naviculaire*. Amp. (f. b) ovales-arrondis, entiers ou munis de chaque côté d'une dent au-dessus de la base.

R R. — Pyrénées : Superbagnères, vallée d'Astos (Zetterstedt). Jura : Le Mont-d'Or (Husnot).

3 (104). **M. rivularis** *Nees ; Syn. Hep., p. 278 ; Boulay, p. 832 ; Lamy, Revue Br., 1875 ; Del. et Gr., n° 45.*

Touffes vertes ou jaunâtres. Tige rameuse. F. légèrement imbriquées ; lobe supérieur (f. a) ovale-suborbiculaire ; lobe inférieur *trois fois* moins long, ovale. Amph. *espacés, carrés-suborbiculaires* (f. b).

R. — Bords des ruisseaux, parois fraîches des rochers. — Gard : l'Aigoual (Boulay). Mont-Dore : Cascade du Serpent, rives de la Dogne (Lamy). Jura : Le Suchet, le Mont-d'Or (Boulay). Vosges : Le Hohneck, le Rotabac, etc. (Boulay). Belgique : Entre Membre et Bohan, Louette-Saint-Pierre (Gravet).

4 (105). **M. platyphylla** *Dum. ; Syn. Hep., p. 278 ; Boulay, p. 831 ; Hep. Gall., n° 17. Jungermannia platyphylla L. ; Hook., Brit. J., t. XL.*

Touffes vertes ou jaunâtres. Tige garnie de rameaux

étalés-dressés, longue de 40-80 mill. F. imbriquées ; lobe sup. ovale-suborbiculaire (f. a) ; lobe inf. ovale, atteignant environ *la moitié* de la longueur du sup. Amp. (f. b) *ligulés*. F. de l'inv. denticulées ou. entières. Pér. (f. c) bilabié, denté à l'orifice. — Printemps.

C C C. — Sur les arbres et les rochers.

5 (106). **M. platyphylloidea** *Dum.; Syn. Hep., p. 280; Boulay, p. 833 ; Lamy, Revue Br., 1875 ; Hep. Gall., n° 116. Jungermannia platyphylloidea Schw.*

Diffère de l'espèce précédente par ses feuilles plus larges à la base (f. a), ses amph. *réniformes* (f. b), les f. de l'invol. plus longuement dentées.

R. — Sur les troncs d'arbres. — Corse : Mont-Terrible (Soleirol). Pyrénées : Bagnères-de-Bigorre (Cazes). Haute-Vienne : Limoges , les Crocs, près de Saint-Léonard (Lamy). Vosges : Longuy (Montagne); Kaiserslautern (Lammers).

6 (107). **M. Porella** *Nees ; Syn. Hep., p. 281 ; Boulay, p. 833 ; Lamy, Revue Bryol., 1875 ; Hep. Gall., n° 47. M. Cordæana Dum. Jungermannia Cordæana Hueb. J. Porella Dicks.*

Touffes molles d'un vert *foncé* ou *noirâtre*. Tige *dénudée* à la base, garnie de nombreux rameaux *divergents*, longue de 30-70 mill. F. non imbriquées ; lobe sup. (f. a) *elliptique ;* lobe inf. *beaucoup plus petit*, ovale-lancéolé. Amp. (f. b) ovales-arrondis.

A R. — Sur les pierres, les rochers siliceux et les racines d'arbres dans les rivières et sur leurs bords, mais toujours dans des endroits inondés une partie de l'année. — Vienne (Chaboisseau). Haute-Vienne : A C. (Lamy). Anjou : A C. (Guépin , Camus). Bretagne : A C. (Gallée, Camus). Normandie : Mortain , Falaise (Brébisson) ; Vire (Dubourg) ; C. dans la Rouvre et ses affluents (Husnot). Vosges inférieures : Kaiserslautern (Hübener) ; Trippstadt (Bruch).

TRIB. VII. LEJEUNIÉES.

F. divisées en deux lobes inégaux ; souvent des amphigastres. F. de l'inv. différentes des f. caulinaires. Pér. obovale ou arrondi. Capsule globuleuse ou subglobuleuse, divisée en quatre valves jusqu'au milieu ou près de la base. Élatères *persistants*.

XXII. LEJEUNIA *Libert; Syn. Hep., p. 308; Boulay, p. 834.*

Plantes très-petites ; tiges grêles , molles, couchées sur

les écorces des arbres ou sur les mousses ou d'autres hépatiques. F. bilobées ; souvent des amphigastres. Involucre composé de deux feuilles *différentes* des f. caulinaires. Pér. subsessile, ovale-arrondi ou piriforme. Pédicelle plus long que le périanthe. Capsule (f. 112, c.) globuleuse, divisée *jusqu'au milieu* en quatre valves portant les élatères *persistants*.

1	F. calyptriformes, terminées en pointe cylindrique.	calyptræfolia.
	F. ovales ou arrondies	2
2	F. arrondies-hémisphériques.	3
	F. ovales	4
3	Lobes inégaux, amp. bilobés	minutissima.
	Lobes subégaux, amp. nuls	inconspicua.
4	Lobe inf. égalant 1/2 du supérieur	5
	Lobe inf. n'égalant pas 1/2 du sup.	6
5	Angles du pér. denticulés, f. denticulées, pas d'amp.	calcarea.
	Angles ailés et dentés, f. entières ou 1-3 dents, des amp. . .	hamatifolia.
6	F. oblongues, arrondies.	serpyllifolia.
	F. ovales, aiguës.	ovata.

1 (108). **L. calyptræfolia** *Dum.; Syn. Hep., p. 404. Colura calyptræfolia Dum.; Jungermannia calyptræfolia Hook., Brit. J., t. XLIII.*

Plante d'un blanc jaunâtre. Tige (f. a) couchée, rameuse, longue de 2-5 mill. F. (f. b) ayant la forme d'une *coiffe* de mousses, munie à la base d'un petit lobe arrondi. Amp. (f. c) bifides. F. de l'inv. (f. d) obtuses ou émarginées. Pér. (f. d) obovale-piriforme, *lisse*, portant sur les bords de l'orifice *4-5 dents* étalées-dressées.— Espèce très-distincte, pour laquelle Dumortier a créé le genre *Colura*.

R R R. — Sur *Ulex europœus.* — Finistère : au sud du Mont-St-Michel et près du village de Traou-Rivin, entre le bourg de Quimerch et la forêt de Cranou (Camus).

2 (109). **L. inconspicua** *De Notaris, Appunti, t. V, f. 27; Dum., Hep. Eur., p. 18. Lejeunia minutissima Syn. Hep., p. 387. Jungermannia inconspicua Raddi, Jung. Etr., t. V, f. 5.*

Plante très-petite, d'un vert blanchâtre ou jaunâtre. Tige (f. a) couchée, rameuse, longue de 5-15 mill. F. (f. b) espacées, *arrondies-globuleuses*, concaves, à deux lobes *presque égaux;* le plus grand entier, le plus petit entier ou crénelé. Amph. nuls ou rudimentaires. F. de l'inv. (f. c) oblongues, *non dentées*. Pér. (f. c) ovale-arrondi, ayant cinq angles très-distincts.

3 (110). **L. minutissima** *Dum., Comm. bot., p. 111.*
L. ulicina Syn. Hep., p. 387. Jungermannia ulicina
Taylor. J. minutissima Sm.; Hook., Brit. J., t. LII.

Plante très-petite, ayant le port de la précédente.
F. (f. b) ovales-arrondies, à deux lobes *inégaux*, entiers,
le plus petit n'étant que la 1/2 ou les 2/3 du plus grand.
Amph. (f. c) ovales, bilobés. F. de l'inv. à lobes (f. d) oblongs-
arrondis, *anguleux* ou *dentés* au sommet. Pér. inconnu.

Obs. — Les deux plantes précédentes ne sont peut-être
que deux variétés d'une même espèce. M. Camus, qui
a exploré avec beaucoup de soin et de succès diverses
parties de la Bretagne et de l'Anjou, a trouvé des formes
intermédiaires. Elles croissent souvent dans les mêmes
localités, et sont confondues dans la plupart des collections
sous le nom de *Lejeunia minutissima*. Je réunis ci-dessous
les localités signalées pour l'une et l'autre espèce.

A R. — Sur les troncs de divers arbres, plus rarement sur les
rochers. — Gironde : Arcachon (Lamy); Lamothe (Renauld). Vienne
(Delacroix). Haute-Vienne : St-Martial, Villemazet, Parpaillat (Lamy);
près de l'étang du Riz-Chauvron (Chaboisseau). Vendée : Pont-
d'Ouin (Camus). Répandu dans l'Anjou et dans toute la Bretagne
(Camus). Normandie : Mortain, Cherbourg, Vire, Falaise (Brébisson), et dans beaucoup d'autres localités (Husnot). Vosges :
Bruyères (Mougeot); Gérardmer, St-Dié (Boulay). Belgique : Louette-
St-Pierre (Gravet).

4 (111). **L. hamatifolia** *Dum.; Syn. Hep., p. 344;*
Hep. Gall., n° 117. Jungermannia hamatifolia Hook.,
Brit. J., t. LI.

Plante blanchâtre ou jaunâtre. Tige (f. a) couchée,
très-grêle, rameuse, longue de 5-15 mill. F. (f. b) dressées,
concaves; lobe sup. ovale *aigu*, muni sur le bord de 1-3
dents, quelquefois entier; lobe inf. ovale, *moitié* plus
petit. Amp. (f. b) profondément divisés en deux lobes *di-*
vergents. F. de l'inv. (f. d) à deux lobes ovales, *dentés*.
Pér. (f. d) obovale-piriforme, muni sur les angles d'une
aile fortement dentée.

R R R. — Finistère : abondant parmi les mousses, sur les troncs
de hêtres de l'avenue du château de Coast-Losquet, près de Pleyber-
Christ (Camus).

5 (112). **L. calcarea** *Libert; Syn. Hep., p. 344; Bou-*
lay, p. 835; Cogn., p. 17; Del. et Grav., n° 19. Jun-
germannia echinata Tayl.

Plante d'un blanc jaunâtre. Tige (f. a) très-grêle,

rameuse, longue de 5-15 mill. F. (f. b) rapprochées ou espacées, dressées, concaves; lobe sup. ovale, *aigu*, *denticulé* sur tout le contour par la saillie des cellules marginales; lobe inf. moitié plus petit, ovale, *denticulé*. Amp. *nuls* ou rudimentaires. F. de l'inv. (f. c) à 2 lobes *denticulés*. Pér. (f. d) obovale-piriforme, *denticulé* sur les angles.

R. — Sur les rochers calcaires et sur les mousses.—Pyrénées : Pic de Ger, vallée de Combascou (Spruce). Lozère : forêt de la Vabre, près de Mende (Boulay). Vienne : Concise, près de Montmorillon (Chaboisseau). Jura : le Salève, le Reculet, la Dôle (Müller); vallon de Flumen, près St-Claude (Boulay). Belgique : Ardenne liégeoise (Libert); Rouillon (Delogne et Gravet).

6 (113). **L. serpyllifolia** *Libert; Syn. Hep., p. 374; Boulay, p. 835; Hep. Gall., n° 87. Jungermannia serpyllifolia Dick.; Hook., Brit. J., t. XLII.*

Touffe d'un vert pâle ou jaunâtre. Tige (f. a) grêle, très-rameuse, longue de 15-30 mill. F. (f. b) étalées-dressées, plus ou moins imbriquées; lobe sup. *ovale-arrondi*, entier; lobe inf. 3-4 fois plus petit, ovale. Amp. (f. c) *ovales-suborbiculaires*, divisés en 2 lobes ovales-triangulaires; sinus *aigu*. F. de l'inv. (f. d) à 2 lobes subégaux, ovales-lancéolés, *entiers*. Pér. (f. d) obovale-piriforme, anguleux. — Printemps-Automne.

A C. — Sur les rochers, les vieilles souches, les troncs d'arbres, les mousses.

Var. *ovata Syn. Hep., p. 375.* — Plante plus grêle; f. fortement imbriquées, concaves, ovales, arrondies ou subaiguës au sommet qui est recourbé en dedans; amp. à deux lobes un peu divergents.—Cette variété se rapproche de l'espèce suivante par la forme des feuilles et des amph.

Sur les arbres et les mousses. — Pyrénées : cascade d'Enfer, près Luchon (Husnot). Finistère : ferme de Traou-Rivin, près Quimerch (Camus).

7 (114). **L. ovata** *Tayl.; Syn. Hep., p. 376; Spruce, Musci et Hep. Pyr., p. 117. Jungermannia ovata Dicks., Pl. Crypt., t. VIII, f. 6.*

Plante d'un vert pâle. Tige (f. a) grêle, rameuse, longue de 10-20 mill. F. (f. b) étalées-dressées, souvent espacées, *concaves* à la base; lobe sup. ovale, *aigu, entier*; lobe inf. trois fois plus petit, ovale. Amp. (f. c) de forme trapézoïdale, à deux lobes *divergents*, obtus; sinus *obtus*. Pér. obovale, anguleux.

R·R R. — Pyrénées : parmi les mousses, sur les rochers frais de la gorge de Cauterets (Spruce). Calvados : Falaise (Brébisson).

XXIII. FRULLANIA *Raddi, Jung. Etr. ; Syn. Hep., p. 408 ; Boulay, p. 837.*

F. divisées en deux lobes très-inégaux présentant souvent une dent subulée ou lancéolée entre le lobule et la tige ; des amphigastres. F. de l'invol. différentes des f. caulinaires. Pér. obovale, tronqué ou arrondi au sommet qui est *mucroné*, caréné en dessous. Pédicelle plus long que le pér. Capsule (f. 116, d) subglobuleuse, divisée jusque *près de la base* en quatre valves portant les élatères persistants.

1	Lobe sup. des f. caulinaires denté	**Hutchinsiæ.**
	Lobe sup. des f. caulinaires entier.	**2**
2	Lobe inf. en forme de capuchon	**3**
	Lobe inf. non en forme de capuchon	**4**
3	Amp. très-grands, réniformes	**Jackii.**
	Amp. ovales, bilobés	**dilatata.**
4	Amp. à bords recourbés, émarginés	**Tamarisci.**
	Amp. à bords plans, bilobés.	**fragilifolia.**

1 (115). **F. Hutchinsiæ** *Nees ; Syn. Hep., p. 426. Jubula Hutchinsiæ Dum. Jungermannia Hutchinsiæ Hook., Brit. J., t. I.*

Plante robuste formant de grosses touffes compactes d'un vert foncé ou noirâtre. Tige (f. a) couchée, plusieurs fois dichotome, longue de 30-50 mill. F. étalées, légèrement imbriquées (f. b), ovales, *aiguës, dentées,* munies au-dessus de la base d'un lobule de forme variable, ovale-globuleux avec une dent subulée à la base sur certaines feuilles, lancéolé-acuminé sur d'autres. Amp. (f. c) ovales-suborbiculaires, divisés jusque vers le milieu en deux lobes acuminés, *dentés.* F. de l'inv. (f. d) bilobées, *dentées.* Pér. (f. d) oblong, comprimé, lisse en dessus, caréné en dessous. — Espèce très-distincte, pour laquelle Dumortier a créé le genre *Jubula.*

R R R. — Finistère : sur des rochers très-humides, le long d'une cascatelle, vallon de Huelgoat (Camus).

2 (116). **F. dilatata** *Dum.; Syn. Hep., p. 415 ; Boulay, p. 837 ; Hep. Gall., n° 18. Jungermannia dilatata L.; Hook., Brit. J., t. V.*

Plante formant sur l'écorce des arbres de larges plaques

d'un rouge-brun. Tige (f. a) grêle, couchée, garnie de nombreux rameaux, longue de 20-50 mill. F. imbriquées (f. b) ; lobe sup. (f. c) orbiculaire, entier ; lobe inf. ovale-arrondi, très-concave, de manière à ressembler *à un capuchon* ; entre ce lobule et la tige une dent lancéolée-aiguë. Amp. (f. d) ovales, à bords *plans,* crénelés ou dentés, *bilobés.* F. de l'inv. (f. e) divisées en deux lobes inégaux, le plus grand *entier*, le plus petit ayant ordinairement une dent sur le bord extérieur ; amp. de l'invol. lobés-laciniés. Pér. (f. e) obovale, mucroné, *tuberculeux*, plissé en dessous. — Printemps.

C C C. — Sur les troncs d'arbres, plus rarement sur les pierres.

3 (117). **F. Jackii** *Gottsche in G. et Rab., n° 294.*

Plante d'un vert-brun ou rougeâtre. Tige (f. a) grêle, rameuse. F. (f. b) imbriquées ; lobe sup. orbiculaire, entier, légèrement recourbé au sommet ; lobule arrondi, concave en forme de *capuchon;* une dent subulée entre ce lobule et la tige. Amp. (f. b) *beaucoup plus* larges que la tige, *réniformes,* sinués sur le contour et émarginés au sommet.

Suisse : montagnes du Valais, près de Fins-Hauts (Philibert). Existe très-probablement dans les Alpes de Savoie.

4 (118). **F. fragilifolia** *Tayl. ; Syn. Hep., p. 437; Del. et Grav., n° 46.*

Plante de couleur pourpre. Tige (f. a) très-grêle, cou-chée, pinnée ou bipinnée, longue de 15-30 mill. F. (f. b) légèrement imbriquées ; lob. sup. orbiculaire, marqué d'une ligne moniliforme ; lobe inf. oblong. Amp. (f. c) obovales-arrondis, à bords sinués, *plans, bilobés.* F. de l'invol. à deux lobes *subégaux,* peu dentés. Pér. obovale, caréné en dessous.

R R R. — Pyrénées : sur un seul tronc, près de Gélos (Spruce). Belgique : rochers à Rouillon (Delogue) ; près de Malmédy (Marchal).

5 (119). **F. Tamarisci** *Dum., Syn. Hep., p. 438; Boulay, p. 838; Hep. Gall., n° 19. Jungermannia Tamarisci L.; Hook., Brit. Hep., t. VI.*

Plante d'un vert brun ou rouge. Tige (f. a) couchée, grêle, bipinnée, longue de 40-80 mill. F. (f. b) imbriquées ; lobe sup. orbiculaire, *recourbé* au sommet qui est sub-aigu, marqué d'une ligne médiane moniliforme ; lobe inf. oblong ; une dent subulée (f. b) entre ce lobule et la tige.

Amp. (f. c) *ovales-carrés, émarginés*, à bords *recourbés*. F. de l'inv. (f. d) divisées en deux lobes *inégaux, dentés*; amp. de l'inv. lobés-dentés. Pér. (f. d) obovale, arrondi et mucroné au sommet, caréné à la face inférieure. — Printemps.

C. — Sur les souches et les rochers.

Trib. VIII. — CODONIÉES.

Périanthe campanulé, herbacé ; capsule globuleuse se déchirant en quatre valves irrégulières.

XXIV. FOSSOMBRONIA *Raddi, Jung. Etr., p. 17; Syn. Hep., p. 467; Lindberg, Man. musc. sec., p. 380.*

F. *molles*, lobulées-ondulées. Pér. *campanulé* (f. 120, c) herbacé ; capsule globuleuse, se déchirant en quatre valves *irrégulières* (f. 120, c). Anthéridies placées à la face supérieure de la tige (f. 120, b).

1 { Spores garnies de crêtes ou de pointes. 2
{ Spores alvéolées, anguleuses . . . . **angulosa.**

2 { Spores garnies de crêtes. . . . . **pusilla.**
{ Spores garnies de pointes . . . . **cæspitiformis.**

1 (120). **F. pusilla** *Dum.; Gottsche et Rab., n° 439; Boulay, p. 839.*

Plante d'un vert tendre. Tige (f. a) molle, couchée, garnie de radicules pourpres, simple ou bifurquée, longue de 8-15 mill. F. (f. b.) molles, carrées, élargies au sommet, plissées-ondulées, lobulées, se recouvrant par les bords. Pér. (f. c.) mou, campanulé, plissé et lobulé. Capsule (f. c) globuleuse, se déchirant en quatre valves irrégulières. Spores (f. d et e) subglobuleuses, chargées de *crêtes* formant des *lignes sinueuses* plus ou moins parallèles, *très-saillantes*. Ces crêtes sont plus ou moins nombreuses ; lorsque leur nombre, sur le contour d'une spore, est de 16-24 (f. d), c'est le *F. pusilla* Dill. sec. Lindb.; s'il atteint le chiffre de 28-36 (f. e), c'est le *F. cristata* Lindb. et sa variété *Wondraczeki*.

A C. — Sur la terre fraîche dans les champs, les sentiers des bois, les talus des mares.

2 (121). **F. cæspitiformis** *de Not.; Lindberg, p. 385, t. I, f. 4; Hep. Gall., n° 118. F. angulosa var. cæspitiformis Raddi.*

Plante ayant le port de l'espèce précédente, ordinairement un peu plus grande. Spores subglobuleuses, garnies de nombreuses et longues *pointes* rectangulaires, *libres* entre elles.

R R. — Sur la terre fraîche dans la région méridionale. — Alpes-Maritimes : Menton (Husnot) ; Nice (Cleve) ; Cannes (Philibert). Var : Agay (Boulay).

3 (122). **F. angulosa** *Raddi, Jung. Etr., t. V, f. 4 ; Boulay, p. 836 ; Lindb., p. 383, t. I, f. 3 ; Lamy, Revue Bryol., 1875, p. 93.*

Plante (f. a) ordinairement deux fois plus grande que le *F. pusilla.* Spores (f. b.) subglobuleuses, *creusées d'alvéoles* à parois membraneuses, ce qui en rend le contour *anguleux* et le fait paraître *ailé.*

R. — Dans les fissures des rochers humides, aux bords des mares et des ruisseaux. — Corse (Soleirol). Cannes (Philibert). Près de Fréjus, dans l'Estérel, Nîmes (Boulay). Haute-Vienne : près de l'étang du Rousset, près de l'usine de MM. Lacroix et Ruaud, et près de l'ancien étang de Jonas, à Ambazac (Lamy). Finistère : bords de l'étang de Huelgoat (Camus).

Var. *Dumortieri ; F. Dumortieri Lindb. ; Codonia Dumortieri Hüb. et G.,* n° 80. — Plante plus grêle ; spores (f. c) ayant des alvéoles *plus nombreuses* et n'étant pas distinctement ailées.

Belgique : Louette-St-Pierre (Del. et Gravet, n° 57).

TRIB. IX. DILÉNÉES.

Involucre monophylle, cyathiforme, lacinié, placé à la face supérieure de la fronde sur la nervure. Périanthe cylindrique.

XXV. DILÆNA *Dum. Mœrckia et Blyttia Gottsche.*

Fronde verte, nerviée. Invol. monophylle, cyathiforme, lacinié ou lobé-denté. *Pér. cylindrique;* coiffe incluse. Capsule *ovale*, longuement pédicellée, divisée jusqu'à la base en 4 valves. Anthéridies placées à la face supérieure de la feuille, sur la nervure, à la base de petites folioles incisées ou dentées.

1	Fronde pourvue d'un faisceau de cellules allongées.	**Lyellii.**
	Fronde dépourvue d'un faisceau de cellules allongées.	**2**
2	Périanthe 2 fois plus long que large.	**Blyttii.**
	Pér. 4 fois plus long que large.	**hibernica.**

† Un faisceau de cellules allongées au centre de la fronde, depuis la base
jusqu'au sommet, très-distinct dans la partie inférieure (Genre *Blyttia* G.).

1 (123). **D. Lyellii** *Dum. Blyttia Lyellii Syn. Hep.,
p. 475. Jungermannia Lyellii Hook., Brit. Jung.,
t. LXXVII.*

Fronde (f. a) verte, rameuse, longue de 25-50 m., légèrement ondulée sur les bords qui sont entiers (f. e) ou
présentent quelques petites dents espacées (f. b); parcou-
rue par une nervure médiane très-distincte, à l'intérieur
de laquelle est *un faisceau* de cellules allongées (f. c).
Invol. (f. b) court, lacinié. Pér. (f. b) pâle, *tubuleux*,
lacinié à l'orifice, *très-longuement saillant*, long de
5-7 m. Coiffe presque aussi longue que le pér. Capsule
ovale-allongée, à 4 valves. Spores recouvertes de crêtes
très-faibles formant des lignes sinueuses (f. d). Anthéridies placées à la base de folioles *rapprochées* et *laciniées*
(f. e).

R R R. — Dans les endroits marécageux. — Maine-et-Loire :
Montreuil (Bouvet).

†† Fronde dépourvue d'un faisceau de cellules allongées (Genre *Mœrckia*
Gottsche).

2 (124). **D. hibernica** *Dum. ; Mœrckia hibernica Gott.
Jungermannia hibernica Hook., Brit. Jung., t. LXXVIII.*

Fronde (f. a) plusieurs fois bifurquée, à bords plans ou
légèrement ondulés, longue de 30-50 m. Il diffère du
D. Lyellii par ses frondes un peu plus larges, dépour-
vues d'un faisceau de cellules allongées, l'invol. plus
développé, le périanthe moins long, la coiffe n'atteignant
que 1/2 du périanthe, les folioles des fleurs mâles espacées et légèrement dentées.

Var. *Wilsoniana* Gottsche ; *Blyttia Lyellii* var. *Flotoviana* Nees ?

Fronde (f. b) verte, simple ou bifurquée, lobée, *fortement* plissée-ondulée, munie d'une nervure épaisse,
garnie de radicules, longue de 10-15 m. Invol. (f. c) court,
lobé-lacinié. Pér. (f. c) d'un vert tendre, cylindrique, lobulé
à l'orifice, longuement saillant, *quatre fois* plus long que
large. Coiffe moitié plus courte que le périanthe. Spores
(f. d) chargées de crêtes formant des lignes sinueuses
étroites, très-peu saillantes.

R R R. — Sur la terre humide et parmi les *Sphagnum*. — Isère :

Villard-de-Lans (Ravaud). Savoie : forêt des Grasses-Chèvres (Müller). Nord : Ghywelde (Boulay).

3 (125). **D. Blyttii** *Dum. Blyttia Moerckii Nees ; Syn. Hep., p. 474. Moerckia norvegica Gottsche. Jungermannia Blyttii Moerck.*

Fronde (f. a) verte, triangulaire-arrondie ou obovale, *fortement plissée-ondulée*, lobée, longue de 10-15 m.; nervure épaisse, garnie de radicules rouges. Inv. (f. b) court, lobé-incisé. Pér. (f. b) membraneux, cylindrique, lobé-lacinié à l'orifice, souvent fendu d'un côté, *deux fois* plus long que large. Coiffe moitié plus courte que le pér. Capsule ovale, à 4 valves. Spores (f. c) garnies de crêtes *saillantes* formant des lignes *interrompues*. Folioles des fleurs mâles (f. d) *rapprochées*, larges et lobulées.

R R R. — Suisse : flaques d'eau, près de l'hospice du Grand-St-Bernard (Philibert). Existe très-probablement dans les Alpes françaises.

TRIB. X. — PELLIÉES.

Involucre monophylle, ou nul ; pas de périanthe ; capsule globuleuse ou ovale.

XXVI. PELLIA *Raddi; Syn. Hep., p. 488 ; Boulay, p. 840.*

Involucre monophylle, denté ou lacinié. *Pas* de périanthe. Capsule *globuleuse*, divisée jusqu'à la base en quatre valves. Spores oblongues, anguleuses. Élatères persistant à la *base* des valves (f. 126, b). Anthéridies placées à la face supérieure de la fronde sur la nervure.

> Coiffe plus longue que l'invol . . . . **epiphylla.**
> Coiffe ne dépassant pas l'inv. . . . . **calycina.**

1 (126). **P. epiphylla** *Corda; Syn. Hep., p. 488 ; Boulay, p. 841 ; Hep. Gall., n° 21. Jungermannia epiphylla L.; Hook., Brit. J., t. XLVII.*

Fronde (f. a) verte, couchée, large, lobulée-ondulée, rameuse, longue de 40-70 mill. ; nervure peu marquée. Invol. placé près du sommet de la fronde, court, cupuliforme, lacinié. Pér. *nul.* Coiffe pâle ou rougeâtre, cylindrique, élargie au sommet qui est 3-lobé, *dépassant longuement* l'inv. (f. a). Capsule globuleuse, longuement pédicellée, divisée en quatre valves (f. b). — Printemps.

C. — Bords des sources, des cours d'eau, rochers humides, dans les endroits ombragés.

Var. *undulata Nees ; Hep. Gall., n° 22.* — Fronde plus étroite, plus rameuse, *dressée* dans les ruisseaux. — A R.

2 (127). **P. calycina** *Nees ; Syn. Hep., p. 490 ; Boulay, p. 841 ; Hep. Gall., n° 23.*

Fronde (f. a) plus étroite que dans l'espèce précédente, dichotome, nervure *plus* distincte. Invol. (f. b) plus long, élargi au sommet, plissé, lobé-lacinié. Coiffe ne *dépassant pas* l'invol.

A R. — Marécages, lieux humides. — Pyrénées : Dax, Pau, Bagnères de Bigorre (Spruce); Cazaril, Montauban, Superbagnères, etc. (Zetterstedt). C. dans le Gard (Boulay). C. dans la Haute-Vienne (Lamy). Le Cher (Ripart). Maine-et-Loire (Hy). Ille-et-Villaine (Gallée). Manche (Lebel). Isère (Ravaud). Haute-Savoie (Puget). Genève (Müller). Doubs : Laissey, Arcier (Renauld); Beurre (Paris). Ardennes : Montbermé, Vireux (Delogne). Belgique : vallée de la Semoy (Cogniaux).

XXVII. BLASIA *Mich.; Syn. Hep., p. 491; Boulay, p. 842.*

Fructification naissant dans un renflement de la nervure. *Pas* d'involucre ni de périanthe. Capsule *ovale*.

(128). **B. pusilla** *L.; Syn. Hep., p. 491; Boulay, p. 842. Jungermannia Blasia Hook., Brit. J., t. LXXXII et LXXXIV.*

Fronde (f. a) verte, couchée (excepté les rameaux fructifères, qui sont dressés au sommet), dichotome, nerviée, sinuée, pourvue de cavités contenant des granulations, longue de 15-30 mill. Fructification naissant à l'extrémité de la nervure (f. a et b) qui se gonfle de manière à former un sac obové, atténué à la base. *Pas d'invol. ni de périanthe,* à moins que l'on ne considère comme tel le renflement de la nervure. Coiffe (f. c) ovale, libre. Capsule ovale (f. a), divisée en quatre valves. Elatères à deux spires. Anthéridies globuleuses, enfoncées dans la fronde.

A R. — Lieux humides et ombragés. — Pyrénées : St-Pandelon, près Dax, Superbagnères (Spruce). Var : Fréjus (Boulay). Gard : bords du Gardon (Boulay). A C. au Mont-Dore (Lamy). Haute-Vienne : Aixe, Chanteloube, Lajudie (Lamy). Ille-et-Vilaine : forêt de Villecartier (Gallée). Normandie : Avranches, Mortain, Carabillon et Savigny, près Falaise (Brébisson). Paris : Villers-Cotterets (Roze et Bescherelle). Est : Epinal, Padoux, Deux-Ponts, Alsace (Mougeot). Belgique : A C.

Trib. XI. — ANEURÉES.

Involucre court, périanthe nul, coiffe longuement saillante, élatères persistant au sommet des valves.

XXVIII. ANEURA *Dum., Comm. bot., p. 115 ; Syn. Hep., p 493 ; Boulay, p. 843.*

Fronde *énerve*. Fructification naissant en dessous de la fronde près du bord. Invol. court, cupuliforme, lobulé. Pér. *nul*. Coiffe longuement saillante, charnue, lisse ou tuberculeuse. Capsule ovale ou oblongue, divisée jusqu'à la base en quatre valves (f. 129, c). Spores globuleuses, lisses ; élatères à une spire persistant au sommet des valves. Anthéridies placées à la face supérieure des frondes près du bord.

1	Fronde large de plus de 2 mill., coiffe lisse.	**pinguis.**
	Fronde large de moins de 2 mill., coiffe tuberculeuse	**2**
2	Rameaux digités, fronde n'ayant que 10 mill.	**palmata.**
	Rameaux non digités, fronde longue de plus de 10 mill. . . .	**3**
3	Rameaux atténués à la base	**multifida.**
	Rameaux non atténués à la base.	**pinnatifida.**

1 (129). **A. pinguis** *Dum.; Syn. Hep., p. 493 ; Boulay, p. 843 ; Hep. Gall., n° 89 et 119. Jungermannia pinguis L.; Hook., Brit. Jung., t. XLVI.*

Fronde (f. a) redressée, dépourvue de nervure, dichotome, ondulée-lobulée sur les bords, longue de 30-60 mill., large de *deux à cinq* mill. Invol. (f. b) très-court, lobulé. Coiffe (f. b) subcylindrique, dressée, *lisse* ou très-légèrement papilleuse, bilobée au sommet, longue de 6-8 mill. Capsule (f. c) oblongue.

A C. — Bords des ruisseaux, bois marécageux, prairies humides.

Var. *denticulata Nees.* — Bords des frondes denticulés. A C.

Var. *angustior Hook., Brit. Jung., t. XLVI, f. 2.* — Fronde allongée, sublinéaire, simple ou peu rameuse. — Manche (Lebel).

2 (130). **A. palmata** *Dum.; Syn. Hep., p. 498 ; Boulay, p. 845. Jungermannia palmata Hedw.*

Fronde (f. a) couchée, garnie de rameaux ascendants, *palmés, translucides*, pinnatifides, longue de 8-12 mill.

Invol. (f. b) court, lacinié. Coiffe (f. b) cylindrique, *renflée* au sommet, *tuberculeuse*, longue de 4-6 mill. Capsule ovale.

A C. dans les montagnes. — Sur les troncs pourris dans les forêts, plus rarement sur les pierres. — Pyrénées, Alpes, Jura, Vosges. Belgique : Wavre (Lecoyer); Malmédy (Libert).

3 (131). **A. pinnatifida** *Dum.; Syn. Hep., p. 495; Boulay, p. 844; Hep. Gall., n° 90. Jungermannia pinnatifida Nees.*

Fronde (f. a) verte ou rougeâtre, dressée, plane, pinnée et bipinnée, longue de 20-30 mill.; rameaux *non rétrécis* à la base, portant de nombreux ramuscules ordinairement *très-courts*. Invol. (f. b) très-court, lobulé. Coiffe (f. b) *obovée-piriforme,* squamuleuse, longue de *trois* mill. Capsule ovale.

R. Dans les ruisseaux et les marais. — Haute-Vienne : Monteil, près de St-Léonard (Lamy). Maine-et-Loire : forêt d'Ombrée, Noëllet (Hy). Finistère : Huelgoat (Camus). Calvados : Falaise (Brébisson). Jura : les Rouges-Truites (Boulay); tourbières de Sontier (J. Müller). Vosges : St-Dié (Boulay). Belgique : Rouillon (Delogne); Louette-St-Pierre (Gravet).

4 (132). **A. multifida** *Dum.; Syn. Hep., p. 497; Boulay, p. 844; Hep. Gall., n° 91. Jungermannia multifida L.; Hook., Brit. J., t. XLV.*

Fronde (f. a) étroite, raide, biconvexe, longue de 20-50 mill., garnie de rameaux étroits, *rétrécis* à la base, pinnés et bipinnés. Invol. (f. b) très-court, lobulé. Coiffe (f. b) *cylindrique*, squamuleuse, longue de 6-8 mill. Capsule ovale-allongée.

A C. — Parmi les mousses, aux bords des ruisseaux et dans les marécages.

XXIX. METZGERIA *Raddi ; Syn. Hep., p. 501 ; Lindberg, Mon. Metzg., p. 2.*

Fronde *nerviée*. Involucre placé sur la nervure à la face inférieure des frondes, *hérissé*, bilobé. Périanthe *nul*. Coiffe exserte, *hérissée de poils raides* (f. 133, c). Capsule ovale; élatères à une spire, persistant au sommet des valves. Anthéridies globuleuses, naissant dans un involucre placé sur la nervure.

Fronde glabre en dessus.	**furcata.**
Fronde couverte de poils sur les deux faces.	**pubescens.**

1 (133). **M. furcata** *Dum.; Syn. Hep., p. 502; Boulay, p. 825; Hep. Gall., n° 92. M. conjugata et M. furcata Lindb. Jungermannia furcata L.; Hook. Brit. J., t. LV.*

Fronde (f. a) verte ou un peu jaunâtre, couchée, étroite, plusieurs fois bifurquée, nerviée, longue de 20-40 mill.; *glabre* en dessus, munie en dessous de cils, principalement sur la nervure et sur les bords (f. b). Invol. (f. b), placé sur la nervure à la face inférieure des frondes, bilobé, *hérissé.* Coiffe oblongue-piriforme, *hérissée de poils raides,* 2-3 lobée, longue de 1 mill. Capsule ovale, s'ouvrant en quatre valves.

C C. — Sur les troncs d'arbres, plus rarement sur les rochers.

Var. *violacea; Metzgeria violacea Dum.* — Frondes gemmifères, violacées. — Troncs d'arbres. — Calvados : Vire (Lenormand). — Belgique : Neufchâteau, Warmifontaine, Straimont (Verheggen); Louette-St-Pierre (Gravet).

2 (134). **M. pubescens** *Raddi; Syn. Hep., p. 504; Boulay, p. 846, Lindb., p. 11; Hep. Galliæ, n° 93. Jungermannia pubescens Schr.; Hook., Brit. J., t. LXXIII.*

Fronde (f. a) linéaire, garnie de rameaux *alternes, couverte sur les deux faces* de poils courts (f. b).

C. dans les montagnes, sur les troncs d'arbres et les rochers.

Fam. II. — MARCHANTIACÉES.

Fruits agrégés au sommet d'un pédoncule. Involucres cohérents à la base seulement, ou fixés à la face inférieure d'un réceptacle, lobé, sinué, ou muni de rayons. Des élatères pourvus de spires.

1	Involucres étalés en croix, cohérents à la base seulement....	**Lunularia.**
	Involucres rapprochés, non étalés en croix..........	**2**
2	Réceptacle femelle, garni de rayons distants au sommet....	**Marchantia.**
	Réceptacle fem., sinué ou lobé à la base...........	**3**
3	Périanthe divisé jusqu'à 1/2 en lanières saillantes.......	**Fimbriaria.**
	Pér. nul, ou un pér. sinué ou denté............	**4**
4	Fronde très-étroite, garnie d'écailles pourpres en dessous...	**Grimaldia.**
	Fronde large, sans écailles..............	**5**
5	Réceptacle femelle conique.............	**Fegatella.**
	Réceptacle femelle subhémisphérique..........	**6**
6	Fronde épaisse, lobée...............	**Reboullia.**
	Fronde entière ou sinuée..............	**7**
7	Lobes du récept. glabres, un périant'............	**Preissia.**
	Lobes du récept. velus, périanthe nul,..........	**Dumortiera.**

Trib. I. — LUNULARIÉES.

Quatre involucres, rarement plus ou moins, cohérents par *la base seulement*, disposés *en croix* au sommet d'un pédoncule entouré d'une gaîne à la base.

XXX. LUNULARIA *Micheli; Syn. Hep., p. 510.*

Caractères de la tribu indiqués ci-dessus.

(135). **L. vulgaris** *Mich.; Bischoff, March. und Ricc., t. LXVII, f. 1; Syn. Hep., p. 510; Hep. Gall., n° 120. Marchantia cruciata L. L. Dilenii et Michelii Lej.*

Fronde (f. a) verte, couchée, radiculeuse, bifurquée, lobée, sans nervure distincte, portant souvent des cupules semi-lunaires contenant des corpuscules ovales, longue de 20-40 mill. Pédoncule naissant à la face supérieure de la fronde, velu, rarement presque glabre, long de 20-30 m., entouré à la base d'une double gaîne (f. b): l'extérieure, de la couleur de la fronde, dont elle n'est qu'un repli, divisée en 5-6 lobes dentés au sommet ; l'intérieure (f. b) blanche, membraneuse, divisée en 3-5 lobes ciliés. Involucres, ordinairement au nombre de 4, subcylindriques, membraneux, sinués à l'orifice, disposés *en croix* au sommet du pédoncule (f. c), cohérents par la *base seulement*, contenant 1 ou 2 coiffes incluses, libres, et, dans chacune d'elles, 1 ou 2 pédicelles de même longueur, de sorte que la capsule s'ouvre au sommet de l'involucre en 4, rarement plus, valves tordues portant des élatères persistants. Fructifie très-rarement dans le Nord.

A C. — Sur la terre humide, bords des chemins, allées des jardins, serres et orangeries, rochers humides.

Trib. II. — MARCHANTIÉES.

Fruits agrégés au sommet d'un pédoncule ; involucres fixés à la face inférieure d'un réceptacle lobé, sinué ou muni de rayons.

XXXI. MARCHANTIA *L.; Syn. Hep., p. 521.*

Réceptacle femelle garni de *rayons libres* au sommet,

cohérents à la base ; un périanthe ; réceptacle mâle pédonculé, pelté, sinué.

(136). **M. polymorpha** L.; *Bischoff, t. LXVIII, f. 5 ; Syn. Hep., p. 522; Boulay, p. 848 ; Hep. Gall., n° 48.*

Plante dioïque. Fronde (f. a) verte, couchée, dichotome, lobée, ondulée, munie d'une nervure noire, portant souvent à la face supérieure de petites corbeilles dentelées sur les bords et remplies de corpuscules lenticulaires, longue de 40-100 mill.; épiderme de la face supérieure divisé en nombreux losanges. Réceptacle femelle (f. b) porté sur un long pédoncule glabre ou velu, naissant dans une échancrure de la fronde, composé de 8-10 *rayons cylindriques, libres et distants* à l'extrémité. Involucres fixés à la partie inférieure de ces rayons, laciniés au sommet (f. c), contenant chacun plusieurs périanthes membraneux, 4-5 lobés (f. d). Coiffe bilobée (f. e). Capsule dépassant peu l'invol., s'ouvrant par 6 dents recourbées (f. f) ; spores petites, légèrement papilleuses. Réceptacle mâle (f. g) pédonculé, pelté, sinué, marqué en dessus de côtes rayonnantes ; anthéridies oblongues. — Printemps-Été.

C. — Dans les endroits humides, au bord des fontaines et des ruisseaux, dans les marais, au pied des murs.

Var. *minor Bischoff;* var. *domestica Wahl.* — Plante plus petite, portant sur les bords des écailles scarieuses saillantes. — Dans les lieux plus secs, principalement dans les endroits où l'on a fait du charbon.

XXXII. PREISSIA *Corda; Syn. Hep., p. 538.*

Réceptacle femelle *hémisphérique*, composé de 4-6 rayons en forme de *côtes saillantes* libres seulement à la partie inférieure. Un périanthe.

(137). **P. commutata** *Nees ; Syn. Hep., p. 539 ; Boulay, p. 849; Hep. Gall., n° 94. Marchantia commutata Lind.; Bischoff, t. LXIX, f. 4. M. hemisphærica Schw.*

Fronde (f. a) couchée, verte, violacée ou rougeâtre, dichotome, sinuée, nerviée, longue de 20-40 m.; stomates saillants. Réceptacle femelle (f. b) longuement pédonculé, *hémisphérique*; 4-6 *côtes saillantes*, libres seulement à la partie inférieure, ce qui rend le contour lobé. Invol.

membraneux (f. c), sinué, contenant 1-3 périanthes. Pér. membraneux, 4-5 lobé (f. d). Capsule dépassant un peu le pér.(f. e) globuleuse, se déchirant en 4-8 valves irrégulières. Spores hérissées. Réceptacle mâle *pédonculé*.— Été.

A R. — Rochers humides, bords des torrents, marais, vieux murs. — Pyrénées : A C. aux environs des cascades (Husnot). Le Sidobre, dans le Tarn (Martrin-Donos). Le Mont-Dore (Lamy). Alpes : Taillefer et Renage, près Grenoble (Ravaud); bains de la Caille et Alby, dans la Haute-Savoie (Puget). Jura : le Salève, la Dôle (J. Müller). Plateau de Bitche (Schultz). Deux-Ponts (Bruch). Remparts de Strasbourg (Mougeot et Nestler). Calvados : marais de Plainville (Brébisson). Belgique : Blaton (Hocquart); Chaudfontaine (Morren); Renaix (Wolf).

Obs. — Le *Preissia quadrata* Nees *(Marchantia quadrata Scop.;* Bisch., t. LXIX, f. 5) a été indiqué par de Candolle au pont Vardon (Provence). Il diffère du précédent par ses réceptacles mâles *sessiles*, disciformes ; la fronde est plus large et le réceptable femelle présente quatre côtes saillantes.

XXXIII. DUMORTIERA Reinw.; Syn. Hep., p. 542.

Réceptacle femelle divisé jusqu'*au milieu* en 8-12 lobes. Périanthe *nul*. Capsule s'ouvrant jusqu'au milieu en 4-6. valves *irrégulières*. Réceptacle mâle brièvement pédonculé.

(138). **D. irrigua** Nees ; *Syn. Hep., p. 543 ; Spruce, Musci and Hep. of the Pyren., p. 119. Marchantia irrigua Wils.*

Fronde (f. a) molle, mince, nerviée, dichotome, à bords entiers, garnie en dessous de nombreuses radicules et de quelques poils, longue de 20-40 mill. Réceptacle femelle (f. b) longuement pédonculé, divisé jusqu'*au milieu* en 8-12 lobes velus en dessous. Invol. (f. c) velu à la partie inférieure, bilobé. Pér. *nul.* Coiffe plus courte que l'invol. Capsule subglobuleuse, s'ouvrant en 4-6 valves *irrégulières* (f. d). Réceptacle mâle pelté.

R R R. — Pyrénées : Bagnères de Bigorre, sur les bords du ruisseau qui naît aux Thermes du Salut, avec *Pellia calycina* et *Fegatella conica* (Spruce).

XXXIV. FEGATELLA Raddi; Syn. Hep., p. 546.

Réceptacle femelle *conique*, sinué à la partie inférieure. Périanthe *nul*. Réceptacle mâle *sessile*, disciforme.

(139). **F. conica** *Corda; Syn. Hep.*, *p. 546; Boulay*, *p. 850; Hep. Gall.*, *n° 24. Conocephalus conicus Dum. C. vulgaris Bisch, t. LXVIII, f. 4. Marchantia conica L.*

Fronde (f. a) verte, couchée, nerviée, rameuse, à bords sinués, longue de 40-80 mill. ; épiderme de la face supérieure parcouru par de nombreuses lignes plus claires divisant la surface en losanges ; stomates saillants. Réceptacle femelle (f. b) *conique, sinué* à la partie inférieure, contenant 6-8 invol. subcylindriques, fendus au sommet (f. c) ; pédoncule très-long, naissant au sommet des lobes, entouré à la base d'un repli de la fronde lobé ou denté. Périanthe *nul*. Coiffe campanulée, 2-4 lobée, persistante. Capsule dépassant l'invol. (f. d), obovée, divisée jusque vers le milieu en 4-8 dents recourbées en dehors. Réceptacle mâle *sessile*, disciforme, placé au sommet des lobes. — Printemps.

A C. — Bords des ruisseaux, lieux frais et ombragés, pierres et rochers humides.

XXXV. REBOULLIA *Raddi; Syn. Hep., p. 547.*

Réceptacle femelle *hémisphérique*, garni en dessous de *longs poils blancs*, divisé jusque vers *le milieu* en 4-8 lobes. Invol. s'ouvrant par une *fente longitudinale*. Périanthe nul.

(140). **R. hemisphærica** *Raddi; Bisch., t. LXIX, f. 1; Syn. Hep., p. 548; Boulay, p. 851; Hep. Gall., n° 25. Asterella hemisphærica P. Beauv. Marchantia hemisphærica L.*

Fronde (f. a) épaisse, vert-pâle en dessus, violacée ou rougeâtre en dessous, couchée, rameuse, ondulée, lobée, longue de 10-25 mill. ; nervure peu distincte ; stomates très-petits. Réceptacle femelle (f. b) pédonculé, *hémisphérique*, divisé jusque vers *le milieu* en 4-8 lobes, garni *en dessous de longs poils blancs* qui descendent le long du pédoncule entouré également à la base de *poils blancs*. Invol. fixés aux lobes du réceptacle, s'ouvrant du côté du pédoncule par une *fente longitudinale* (f. c). Périanthe *nul*. Coiffe ovale. Capsule subsessile, *ne dépassant pas* l'invol., globuleuse, se déchirant en un grand nombre de dents irrégulières (f. d). Spores grosses, tuberculeuses. Réceptacle mâle, sessile, disciforme. — Printemps.

A C. — Dans les lieux ombragés, bords des chemins, rochers, vieux murs.

XXXVI. GRIMALDIA *Raddi; Syn. Hep., p. 549.*

Fronde canaliculée, garnie en dessous d'écailles *pourpres, blanches* au sommet des lobes. Réceptacle femelle subhémisphérique, surmonté d'un *mamelon tuberculeux*, 3-4 lobé. Périanthe *nul*. Capsule s'ouvrant par une *scission circulaire*.

> Récept. fem. garni en dessous de longues lamelles blanches. . . **barbifrons.**
> Récept. fem. dépourvu de longues lamelles blanches . . . . . . **dichotoma.**

1 (141). **G. barbifrons** *Bisch., p. 1028, t. LXVIII, f. 1; Syn. Hep., p. 550; Boulay, p. 852.*

Fronde (f. a) couchée, dichotome, verte en dessus, pourpre en dessous, longue de 10-25 mill.; lobes étroits, élargis et émarginés au sommet, *fortement canaliculés* en dessus, garnis à la face inférieure de radicules blanches et de nombreuses lamelles pourpres, celles du sommet des frondes sont terminées par une *longue pointe blanche* dentée ou laciniée qui atteint le quart du pédoncule. Réceptacle femelle (f. b) subhémisphérique, surmonté d'un mamelon papilleux, divisé en 3-4 lobes, portant en dessous des lamelles blanches dépassant *longuement* les lobes. Invol. (f. c) subcylindrique, crénelé au bord. Coiffe trois fois plus courte que la capsule, crénelée au bord. Capsule dépassant un peu l'involucre (f. d), brièvement pédicellée, subglobuleuse, s'ouvrant par scission circulaire (f. e); bord crénelé. Réceptacle mâle sessile au sommet des frondes, disciforme.

R R R. — Sur la terre fraîche. — Lyon (Montagne). Bâle et Wissembourg (Breutel).

2 (142). **G. dichotoma** *Raddi; Bisch., t. LXVIII, f. 2, Syn. Hep., p. 551; Hep. Gall., n° 95.*

Fronde couchée, dichotome, à bords crénelés, élargie et émarginée au sommet, canaliculée en dessus, verte ou rougeâtre en dessus, pourpre noirâtre en dessous, garnie à la face inférieure de radicules blanches et d'écailles pourpres; le sommet des frondes est ordinairement muni d'écailles blanchâtres *beaucoup plus courtes* (f. a) que dans l'espèce précédente. Réceptacle femelle (f. a) subhémisphérique, 3-4 lobé, surmonté d'un mamelon tuberculeux, *dépourvu* en dessous de longues lamelles blanches. Invol. (f. b) *hémisphérique-cupuliforme*. Coiffe trois fois plus courte que la capsule. Capsule subsessile, globuleuse, dépassant un peu l'invol. (f. c).

R R R. — Bords des sentiers, broussailles, lieux caillouteux. — Var : Hyères (De Mercey). Campagnole et la Costière, près de Nîmes (Boulay).

XXXVII. FIMBRIARIA *Nees; Syn. Hep., p. 555.*

Réceptacle femelle conique ou hémisphérique, papilleux en dessus, 2-6 lobé. Involucre court. Périanthe divisé jusqu'au milieu en *8 ou 16 lanières pendantes au-dessous de l'invol.* Capsule s'ouvrant circulairement.

1	Fronde large de 5-7 mill	Lindenbergiana.
	Fronde large de 2-3 mill.	2
2	Fronde garnie au sommet d'écailles blanches.	flagrans.
	Fronde dépourvue d'écailles blanches.	elegans.

1 (143). **F. flagrans** *Nees ; Bischoff, t. LXIX, f. 3 ; Syn. Hep., p. 558. Marchantia flagrans Balbis.*

Fronde (f. a) large de 2 mill., longue de 8-15 mill., simple ou bifurquée, émarginée au sommet, contour crénelé, convexe et pourpre noirâtre en dessous et garnie d'écailles qui *dépassent* les bords surtout au sommet (f. b) où elles forment une touffe blanche. Réceptacle femelle (f. c) porté sur un pédoncule *glabre, conique,* 2-4 lobé, papilleux au sommet, *nu* en dessous. Invol. courts, tronqués, peu distincts. Pér. ovale, divisé jusqu'au milieu en 8 lanières *dépassant longuement* l'invol., cohérentes ou sommet (f. d). Capsule (f. e) *obovale,* s'ouvrant circulairement au-dessus du milieu, bord irrégulièrement denté.

R R R. — Dax (Grateloup). Mont-Cenis (Bonjean). Martigny-en-Valais (Schleicher).

2 (144). **F. elegans** *Sprengel ; Syn. Hep., p. 564.*

Fronde large de 2-3 m., longue de 10-15 m., élargie et échancrée (f. a) au sommet, sinueuse aux bords, canaliculée, violette ou pourpre noirâtre en dessous, dépourvue d'écailles. Réceptacle femelle (f. a) porté sur un pédoncule muni de quelques poils dans sa partie supérieure, *subhémisphérique,* très-tuberculeux, 3-4 lobé, garni en dessous *d'écailles piliformes blanches.* Pér.

ovale, divisé en 8 lanières cohérentes au sommet. Capsule *globuleuse* (f. b).

R R R. — Corse (Thomas).

3 (145). **F. Lindenbergiana** *Corda; Syn. Hep.,
p. 562. F. Bonjeani De Not., Primit. Hep., t. I, f. e.*

Fronde oblongue, plus large (5-7 m.) que dans les espèces précédentes, longue de 10-15 m., émarginée au sommet, ondulée-lobulée aux bords, garnie en dessous de radicules et de *lamelles pourpres courtes.* Réceptacle femelle au sommet d'un pédoncule portant quelques poils blancs, subhémisphérique, papilleux, 4-6 lobé, garni en-dessous de *longues écailles piliformes blanches.* Pér. ovale, divisé en *seize* lanières cohérentes au sommet.

R R R. — Au lac du Mont-Cenis (Bonjean).

Fᴀᴍ. III. — ANTHOCÉROTÉES

Capsule solitaire, *linéaire, très-longue,* s'ouvrant en 2 valves, munies d'une *columelle,* étatères *dépourvus* de spire. Anthéridies sessiles.

XXXVIII. ANTHOCEROS *Micheli; Syn. Hep., p. 582.*

Caractères de la famille.

Frondes papilleuses en dessus, spores noirâtres.	**punctatus.**
Frondes lisses en dessus, spores jaunes.	**lævis.**

1 (146). **A. punctatus** *L.; Syn. Hep., p. 583; Boulay,
p. 855.*

Fronde (f. a) couchée, énerve, lobée, ondulée-crispée, longue de 10-25 m., garnie de *papilles* à la face supérieure. Invol. (f. b) étroit, cylindrique, long de 2-3 m. Coiffe conique se déchirant au-dessus de la base. Capsule (f. b) linéaire-subulée, longue de 20-40 m., s'ouvrant jusque vers le milieu en deux valves; columelle très-étroite. Spores (f. c) d'un *brun noirâtre,* anguleuses, couvertes de pointes larges; élatères contournés, *dépourvus* de spires. — Été-Automne.

A C. — Endroits frais des champs argileux et calcaires, rochers humides.

2 (147). **A. lævis** *L.; Syn. Hep., p. 586.; Boulay, p. 855; Hep. Gall:, n° 50.*

Diffère de l'espèce précédente par sa fronde *lisse* en dessus et ses spores *jaunes*. — Automne.

Un peu plus commun que l'*A. punctatus*. — Lieux humides, bords des chemins, des fossés et des sources.

Fam. IV. TARGIONIACÉES.

Involucre *bivalve, sessile*. Capsule solitaire, subsessile, globuleuse, se déchirant irrégulièrement; élatères à 2 spires; pas de columelle.

XXXIX. TARGIONIA *Micheli; Syn. Hep., p. 574.*

Caractères de la famille.

(148). **T. hypophylla** *L.; Lind., Syn. Hep., p. 110. T. Micheli Corda; Syn. Hep., p. 574; Boulay, p. 854; Hep., Gall., n° 49.*

Fronde (f. a) étroite, élargie au sommet, simple ou peu rameuse, sinuée aux bords, canaliculée en dessus à l'état sec, longue de 5-10 mill., verte en dessus et percée de stomates nombreux et saillants, pourpre-violacée ou noirâtre en dessous et garnie d'écailles atteignant les bords. Invol. (f. b.) placé au sommet de la fronde et en dessous, *sessile*, coriace, *noir*, obovale ou subglobuleux, s'ouvrant en *deux valves concaves*. Périanthe nul. Coiffe membraneuse, appliquée contre l'invol. Capsule subsessile, globuleuse, se déchirant irrégulièrement. Spores grosses, hérissées de crêtes; élatères à deux spires. — Printemps.

A C. — Sur la terre des rochers siliceux et des murs ombragés dans le Midi, la Haute-Vienne, le Nord-Ouest et la Belgique; très-rare dans les montagnes.

Fam. V. RICCIACÉES.

Fruit sessile ou brièvement pédicellé; périanthe nul; capsule globuleuse, se déchirant irrégulièrement; *pas d'élatères*. Anthères sessiles ou enfoncées dans la fronde.

1 {	Fruit placé dans l'intérieur de la fronde, pas d'inv. . . .	Riccia.
	Un involucre distinct.	2
2 {	Plante aquatique dressée.	Riella.
	Plante terrestre couchée.	3
3 {	Coiffe lisse, invol. agglomérés ou sur 2 rangs.	4
	Coiffe hérissée, involucre isolé.	Corsinia.
4 {	Fronde raide, bordée d'écailles blanches.	Oxymitra.
	Fronde molle, sans écailles.	Sphærocarpus.

TRIB. I. — RIELLÉES.

Plantes aquatiques, molles. Fronde dressée ou ascendante, composée d'une nervure ou tige portant une aile membraneuse et souvent des folioles. Fruits placés sur la nervure. Un invol.; une coiffe libre, persistante, surmontée d'un style excentrique persistant. Spores isolées, hérissées de pointes.

Obs. — Quoique je n'aie vu aucun *Riella* récolté dans les limites de cette flore, ce genre doit exister en France ; je décris les 4 espèces connues pour faciliter les recherches des botanistes.

XL. RIELLA *Mtgne, Ann. des Sc. Nat., t. XVIII, n° 1. Duriæa Bory et Mtgne.*

Caractères de la tribu indiqués ci-dessus.

1 {	Plante longue de 2-5 mill.	2
	Plante de plus de 20 m.	3
2 {	Folioles aiguës ; invol. sphérique, papilleux.	Reuteri.
	Folioles obtuses ; inv. ovoïde, lisse.	Notarisii.
3 {	Aile membraneuse enroulée en hélice, pas de feuilles. . . .	helicophylla.
	Aile non en hélice, des feuilles.	Clausoni.

1 (149). **R. Reuteri** *Mtgne, Ann. des Sc. Nat., t. XVIII, n° 1.*

Plante (f. a) très-petite (2-3 mill.), enfoncée dans la vase, garnie de radicules ; l'aile membraneuse est souvent détruite, et il ne reste que les folioles *lancéolées-linéaires aiguës*, droites ou recourbées, agglomérées au sommet de la nervure (f. b). Fruits placés au sommet de la fronde au nombre de 1-5. Invol. *sphérique*, fortement *hérissé* de papilles (f. c). Coiffe (f. d) globuleuse, hyaline, couronnée par le style incliné et excentrique. Capsule (f. d) subglobuleuse, brune, réticulée, très-brièvement pédicellée. Spores subglobuleuses, hérissées de pointes (f. e).

R R R. — Sur la vase des bords du lac de Genève, à Genthod (Reuter, Müller).

2 (150). **R. Notarisii** *Mont. Sphærocarpus Notarisii Mtgne, in de Notaris, Primit. Hep. Ital., p. 63, icon. d.*

Plante de 5 m. (f. a), garnie de radicules nombreuses, toujours munie d'une aile membraneuse (f. b); folioles *linéaires, obtuses* (f. b). Fruits placés au sommet de la fronde; invol. *ovoïde*, longuement acuminé, lisse (f. b). Coiffe (f. c) globuleuse, surmontée d'un style excentrique et incliné. Capsule (f. c) globuleuse, assez longuement pédicellée. Spores subglobuleuses, hérissées de pointes.

R R R. — Dans les pâturages marécageux de la Sardaigne australe, près de Pula (de Notaris).

Obs. — J'ai pris, dans l'ouvrage cité, la description et la figure de cette espèce.

3 (151). **R. Clausoni** *Letourneux; Hep. Gall., n° 121; Riella? Parisii Gottsche.*

Plante (f. a) longue de 40-60 m., simple ou rameuse, munie, d'un côté et sur une partie de sa longueur seulement, d'une aile membraneuse, ondulée, souvent déchirée et interrompue, et de nombreuses et *grandes folioles* très-molles, ovales-cordiformes, repliées, ondulées, espacées dans la partie inférieure, rapprochées et se recouvrant en partie vers le sommet. Fruits placés sur la nervure. Invol. (f. b) *ovale*, plissé. Coiffe (f. b) sphérique, couronnée par le style excentrique et incliné. Capsule (f. c) globuleuse, *fortement rugueuse.* Spores garnies de pointes (f. d).

R R R. — Dans une mare, à la Maison-Carrée, près Alger (Clauson, Paris, Trabut). — Le Dr Goulard a trouvé, dans les mares de Roque-Haute, près Montpellier, un *Riella* qui est peut-être le *Clausoni*, d'après la description qu'il m'en a faite, car il n'en a conservé aucun échantillon.

Obs. — C'est à M. Clauson que l'on doit la découverte de cette belle espèce, que M. Letourneux appela *R. Clausoni.* Ce nom doit être conservé, car ce n'est que plus tard que M. Gottsche, qui l'avait reçue du colonel Paris, l'appela *Riella? Parisii.* Je dois à M. le Dr Trabut ces renseignements et les exemplaires fructifiés que j'ai décrits et figurés.

4 (152). **R. helicophylla** *Mtgne. Durixa helicophylla Bory et Mtgne.*

Espèce très-distincte par son aile membraneuse, enroulée en hélice autour de la nervure.

R R R. — Dans un lac d'eau saumâtre, à 8 kil. au S.-E. d'Oran (Durieu).

Trib. II. CORSINIÉES.

Plante terrestre, fronde couchée. Fruits placés à la face supérieure de la fronde. Un involucre. Spores d'abord quaternées, alvéolées.

XLI. SPHÆROCARPUS *Micheli; Syn. Hep., p. 594.*

Fronde petite, *orbiculaire*, portant à la face supérieure des involucres agglomérés, sessiles, *piriformes*. Coiffe *lisse*.

(153). **S. terrestris** *Sm.; Lindb., Ricc., t. XXXVI, f. 1. S. Michelii Bell.; Syn. Hep., p. 595; Boulay, p. 856.*

Fronde (f. a et b) *orbiculaire*, lobée-ondulée, molle, *jaune-claire*, d'un diamètre de 4-6 m. Invol. (f. b) agglomérés à la face supérieure de la fronde qu'ils couvrent presque entièrement, jaunes clairs, sessiles, *piriformes*, percés au sommet. Coiffe (f. d) globuleuse, brièvement pédicellée, *lisse*. Capsule globuleuse. Spores garnies de crêtes. — Automne-Printemps.

R. — Sur la terre fraîche, dans les champs et les bruyères. — Sud-Ouest : Marensin (Grateloup); Dax (Spruce); Tours (Du Petit-Thouars). Environs de Rennes (Gallée). Le Perray, près Angers (Hy). Çà et là dans la Sarthe (Crié). Environs de Rouen (Behéré). Environs de Paris : Plessis-Piquet, Epernon, cimetière de Sceaux, Châtillon (Bescherelle). Cambron, dans la Somme (Boucher). Destord, dans les Vosges (Mougeot). A C. en Belgique.

XLII. CORSINIA *Raddi; Syn. Hep., p. 596.*

Fruits placés au centre de la fronde, dans une cavité orbiculaire, dont les bords redressés forment un *involucre lacinié*. Coiffe *hérissée*.

(154). **C. marchantioides** *Raddi; Bisch. t. LXX, f. 1; Syn. Hep., p. 596; Boulay, p. 857; Hep. Gall., n° 122.*

Frondes (f. a) couchées, ordinairement se recouvrant en partie et agglomérées de manière à former d'assez larges touffes, obovées, simples ou munies vers le sommet d'une ramification rétrécie à la base, ondulées, lobulées, vert-glauques en dessus, vertes en dessous, longues de 5-10 m. Une à quatre capsules globuleuses, placées au centre de la fronde, dans une cavité dont les bords redressés forment un *involucre lacinié* (f. b). Coiffe *hérissée* de pointes (f. c).

— La plante stérile de Maine-et-Loire est plus courte, plus arrondie et plus profondément lobée.

R R. — Lieux frais, sables siliceux. — Corse : environs de Calvi (Soleirol). Var : environs de Fréjus (Boulay). Gard : Le Vigan (Tuerkiewicz) ; Saint-Victor-des-Oulles, Pont-Saint-Esprit (Boulay). Maine-et-Loire : Saint-Lambert-la-Potherie, près le dolmen de La Colterie (Bouvet). N'a pas été trouvé par Brongniart, à Montmorency, près Paris (Bescherelle).

XLIII. OXYMITRA *Bischoff; Syn. Hep., p. 597.*

Invol. *coniques,* placés sur deux rangs, au centre de la fronde ; coiffe *lisse.*

(155). **O. pyramidata** *Bisch., March. und Ricc., t. LXX, f. 2-3; Syn. Hep., p. 597; Boulay, p. 857; Riccia pyramidata Willd.*

Fronde (f. a) couchée, simple ou bifurquée, canaliculée en dessus et vert-glauque ou rougeâtre, rouge-violacée en dessous et *garnie d'écailles* dont le sommet *blanc* dépasse les bords, longue de 5-10 m. Invol. placés sur deux rangs au centre de la fronde (f. a), *coniques,* glabres (f. b). Périanthe nul. Coiffe (f. c) globuleuse, *lisse.* Capsule sessile, globuleuse.

R R R. — Bords des sentiers, lieux cailloutoux. — Corse : environs de Calvi (Soleirol). Gard : La Costière et Bouillargues, près Nîmes (Boulay).

TRIB. III. — RICCIÉES.

Frondes ordinairement disposées en rosette. Fruits enfoncés dans l'intérieur de la fronde ; involucre nul ; coiffe soudée avec la capsule ; spores d'abord quaternées, puis isolées, tétraédriques, alvéolées.

Obs. — Les sections transversales figurées sont prises vers le milieu des lobes ; si elles étaient faites plus bas ou plus haut, la forme serait plus ou moins différente suivant les espèces.

XLIV. RICCIA *Micheli; Syn. Hep., p. 598.*

Caractères de la tribu indiqués ci-dessus.

1	Fronde sans cavités aériennes	2
	Fronde ayant des cavités aériennes.	11
2	Bord des frondes garni de cils ou d'écailles saillantes.	3
	Bord des frondes nus ou à écailles non saillantes.	7
3	Fronde bordée de lamelles saillantes	lamellosa.
	Fronde ciliée.	4

4	{	Fronde large, obcordée-arrondie	**Bischoffii.**
		Fronde étroite, linéaire	5
5	{	Lobes verts sur les deux faces	ciliata.
		Lobes rouges en dessous.	6
6	{	Fronde 2-3 fois bifurquée	palmata.
		Fronde simple ou bilobée	tumida.
7	{	Fronde pourpre-noirâtre en dessous	8
		Fronde verdâtre en dessous	10
8	{	Fronde garnie d'écailles en dessous.	nigrella.
		Fronde dépourvue d'écailles	9
9	{	Lobes émarginés-bilobés au sommet	bifurca.
		Lobes non émarginés-bilobés.	minima.
10	{	Fronde fortement canaliculée, fruits agrégés	sorocarpa.
		Fr. plane ou légèrement canaliculée, fr. non agrégés.	glauca.
11	{	Fronde garnie de longues lanières	natans.
		Fronde dépourvue de lanières	12
12	{	Fronde violette.	Huebeneriana.
		Fronde verte.	13
13	{	Fronde linéaire, bifurquée.	fluitans.
		Frondes rayonnantes, larges.	crystallina.

Section 1. — Plantes terrestres; fronde ferme, sans cavités aériennes; capsules formant des saillies sous l'épiderme de la face supérieure des frondes.

1 (156). **R. glauca** *L.; Lindenb., t. XIX; Syn. Hep., p. 599; Boulay, p. 858.*

Plante couchée sur la terre, formant une rosette d'environ 10 mill.; frondes *glauques* et ponctuées en dessus, *pâles* en dessous, divisées en plusieurs lobes rayonnants, bifurqués, émarginés (f. b); lobes obovales-linéaires, à bords minces, *plans* ou légèrement canaliculés en dessus dans la partie supérieure, peu renflés en dessous (f. c). Capsules disposées sur *une ou deux* lignes (f. b), formant une saillie sous l'épiderme (f. c) qui se déchire pour laisser sortir les spores.

Var. *major* Lindenb. — Lobes obovés ou obcordés, subbilobés au sommet.

Var. *minor* Lindenb. — Fronde et lobes subtriangulaires.

Var. *minima* Lind., *R. minima* Schm. — Plante d'un vert plus foncé; lobes linéaires, bilobés.

C C. — Sur la terre humide, aux bords des chemins, dans les champs et les prés.

2 (157). **R. sorocarpa** *Bischoff, p. 1053, t. LXXI, f. 11; Syn. Hep., p. 600; Del. et Grav., n° 10. R. minima Leers.*

Fronde glauque en dessus, *pâle* en dessous, une ou deux fois bifurquée (f. a): lobes oblongs, à bords dressés, *fortement canaliculés* en dessus (f. b). Capsules *agrégées* vers la base des lobes (f. a).

R R. — Allées des jardins, champs, sentiers des bois, places où l'on a fait du charbon. — Bouillargues, près de Nimes (Boulay). Condamille, près Limoges (Lamy). Ardennes : Sedan (Montagne) ; la Neuville-aux-Haies (Delogne et Gravet) ; Lunéville (Daénen).

3 (158). **R. minima** *Linné ; Raddi, p. 5, t. II, f. 5 ; Lindenb., t. XX, f. 2 ; Syn. Hep., p. 601.*

Fronde linéaire, dichotome (f. a), subaiguë au sommet, verte en dessus, pourpre-violacée en dessous ; les bords *épais* et *ascendants* laissent entre eux un *sillon profond* au milieu des lobes (f. b). — Lindenberg figure deux plantes : la première (récoltée en Allemagne) a les bords des lobes enroulés en dedans et est largement canaliculée (f. c) ; la seconde (provenant de l'Italie) se rapproche davantage de la plante de la Vienne que j'ai décrite.

R R R. — Sur les rochers d'Enfer, au-dessus du pont de Lathus, dans la Vienne (Deloyne et Chaboisseau).

Le *R. minima* a été indiqué dans l'Hérault (Chalon), le Maine-et-Loire (Hy), l'Ille-et-Vilaine (Gallée), les Vosges (Mougeot) et à Nancy (Godron). Ces indications auraient besoin d'être vérifiées, car deux autres plantes, une variété du *R. glauca* et le *R. sorocarpa*, ont été appelées *R. minima* par divers auteurs.

4 (159). **R. bifurca** *Hoffm. ; Lindenb., t. XX, f. 1 ; Syn. Hep., p. 600 ; Boulay, p. 858 ; Hep. Gall., n° 123.*

Fronde une ou deux fois bifurquée ; lobes subcunéiformes, *émarginés-bilobés* au sommet, à bords épais et dressés (f. b), verdâtres et canaliculés en dessus, *pourpres-violacés* en dessous.

R R. — Sur la terre humide, aux bords des fossés et des mares, sur les murs et les rochers. — A C. dans la Haute-Vienne (Lamy). Versailles (Bescherelle). Fontainebleau : mares de Franchart (de Candolle) ; mares de Bellecroix (Bescherelle).

5 (160). **R. ciliata** *Hoffm. ; Bischoff, t. LXXI, f. 4 ; Lindb., t. XXIII, f. 2 ; Syn. Hep., p. 602 ; Boulay, p. 859.*

Frondes (f. a) rayonnantes, dichotomes, *vertes* sur les *deux* faces, lobes subcunéiformes, émarginés ou bifurqués au sommet, légèrement canaliculés (f. c), garnis sur leur contour d'un ou plusieurs rangs de *longs cils* (f. b et c).

R R. — Sur la terre fraîche. — Landes : Dax (Grateloup). Hérault : Roque-Haute (Chalon). Lozère : Recolis (Prost). Haute-Vienne : Entre Aixe et Verneuil (Lamy). Ille-et-Vilaine (Gallée). Vosges : Bruyères (Mougeot). Mulhouse (Mühlenbeck).

6 (161). **R. palmata** *Lindenb., p. 457, t. XXVII, f. 1;*
Syn. Hep., p. 603.

Fronde (f. a) deux ou ,trois fois bifurquée, verte en
dessus, *pourpre-brune* en dessous ; lobes arrondis ou
subémarginés, légèrement canaliculés, garnis de plusieurs
rangs de *longs cils* (f. b).

R R R. — Montpellier (Montagne). Je rapporte à cette espèce les
échantillons de Bouillargues, près de Nîmes (Boulay), qui m'ont
servi pour la description ci-dessus.
Le *R. palmata* n'est peut-être qu'une variété bicolore du *R.
ciliata.*

7 (162). **R. tumida** *Lindenb., p. 459, t. XXVII, f. 2;*
Syn. Hep., p. 603.

Fronde (f. a) *simple* ou *bilobée*, oblongue-linéaire, obtuse, verte en dessus, *rouge-brune* en dessous, à bords
épais, canaliculée, garnie de *cils courts* disposés sur un
seul rang, excepté vers le sommet, où ils sont sur deux
rangs (f. b et c).

R R R. — Corse (de Notaris). Terrain sablonneux, entre Saint-
Quentin et Saint-Victor-des-Oulles, département du Gard (Boulay).

8 (163). **R. Bischoffii** *Huebn.; Lindb., t. XXVIII, f. 1;*
Boulay, p. 860 ; Hep. Gall., n° 124.

Fronde *simple* ou *bilobée* (f. a), ponctuée, *arrondie-
obcordée*, large de 3 mill., *verte* sur les *deux faces*, avec
une légère teinte rouge-brune sur le contour, qui est
garni *d'un seul* rang de cils souvent peu nombreux; face
supérieure (f. b) plane ou légèrement canaliculée ; bords
minces.

R R. — Sur les rochers siliceux. — Vienne : rochers d'Enfer, au-
dessus du pont de Lathus (Deloyne et Chaboisseau). Deux-Sèvres:
Sainte-Radegonde, près Thouars (Trouillard). C. autour d'Angers,
sur les rochers d'ardoise (Guépin). Ille-et-Vilaine (Gallée). Alsace :
Le Brésoir (Boulay).

9 (164). **R. lamellosa** *Raddi ; Lindenb., t. XXX, f. 1;*
Syn. Hep., p. 605.

Fronde (f. a) bifurquée, verte en dessus, *jaunâtre* en
dessous ; lobes *larges*, cunéiformes, obtus, légèrement
canaliculés (f. c) ; bords membraneux, ascendants, garnis
de *lamelles blanches* (f. b).

R R R. — Montpellier (Delille). Sur le diluvium argileux, à Bouillargues, près de Nîmes (Boulay).

10 (165). **R. nigrella** *De C.; Lindenb., t. XXIX, f. 1;*
Syn. Hep., p. 605; Boulay, p. 861; Hep. Gall., n° 96.

Fronde (f. a) dichotome, verte en dessus, *pourpre-noi-*
râtre en dessous; lobes *linéaires, profondément* canaliculés (f. c); bords dressés, couverts à la face inférieure
d'écailles semi-circulaires *pourpre-noirâtres*, imbriquées,
ne dépassant pas les bords (f. b).

R R R. — Sur la terre humide, bords des sentiers argileux. —
Var : Le Luc (Hanry). Montpellier (de Candolle). Près de Nîmes
(Boulay). Mende (Prost).

Sect. 2. — Fronde verte, croissant sur la vase, munie de cavités aériennes. Capsules
formant de légères saillies sous l'épiderme de la face supérieure.

11 (166). **R. crystallina** *L.; Lindb., t. XXII, f. 2;*
Syn. Hep., p. 607; Boulay, p. 861; Hep. Gall., n° 98.
R. cavernosa Hoffm.

Frondes (f. a) dichotomes ou lobées, rayonnantes, d'un
vert clair, munies de grandes cavités aériennes (f. c),
d'abord fermées, ensuite ouvertes, et la face supérieure
est alors *criblée de trous* (f. b); lobes larges obcordés-
bifides, à bords sinués, légèrement redressés. Capsules
disposées irrégulièrement, formant de légères saillies sous
l'épiderme de la face supérieure.

A R. — Sur la vase, aux bords des étangs et des rivières. —
Haute-Vienne : Étangs de La Croisille, de Thouron et du Riz-
Chauvron (Lamy). Maine-et-Loire : bords de la Loire, à Angers
(Desvaux) et à Saumur (Trouillard); landes de Chaumont (Hy).
Loiret : Meung (Bescherelle). Orne : étang de la Fresnaye-au-
Sauvage (Brébisson). Environs de Paris : Saint-Léger (de Candolle);
Fontainebleau, Compiègne (Mérat); Villers-Cotterets (Questier).
Saint-Germer en Bray (Roze). Marne : Châlons (Brisson-Regnauld).
Haute-Saône : Melisey (Renauld). Est : Petit Salève et bord du lac de
Genève (Müller); Vosges (Mougeot); Bosserville, Maxéville, Lunéville
(Godron). — A C. en Belgique.

Sect. 3. — Plante nageante, garnie de longues lanières; fronde munie de cavités
aériennes. Capsules ne formant pas de saillies sur l'une ni l'autre face. — Genre
Ricciocarpus Corda.

12 (167). **R. natans** *L.; Bischoff, t. LXXI, f. 5; Syn.*
Hep., p. 606; Boulay, p. 862; Hep. Gall., n° 97. Riccio-
carpus natans Corda.

Fronde (f. a) obcordée, large au sommet de 6-10 mill.,
munie de cavités aériennes (f. b), sillonnée, verte en
dessus, *pourpre-violette* en dessous et garnie d'un grand
nombre de *lanières* de même couleur, *dentées* et *très-*
longues (f. a). Capsules cachées dans l'intérieur de la fronde.

A R. — Nageant dans les eaux stagnantes. — Provence (de Candolle). Saint-Paul, près Dax (Grateloup). Isère : Charvieux (Boullu). Ille-et-Vilaine : Châteauneuf (Gallée). Maine-et-Loire : marais de l'Authion, au-dessus des Ponts-de-Cé (Guépin). Caen (de Brébisson). Orne : le Pin (Duhamel). Environs de Paris : forêt de Sénart (Brongniart) ; Bondy, Montmorency, Fontainebleau (Mérat) ; Meudon (Bescherelle) ; étang de Fonceaux, à Bellevue (Camus). Faverolles, près de Villers-Cotterets (Questier). Troyes (Des Etangs). Vosges (Mougeot). A C. en Belgique.

Sect. 4. — Fronde caverneuse. Capsules formant des saillies à la face inférieure des frondes. — Genre *Ricciella* Braun.

13 (168). **R. Huebeneriana** *Lindenb., Ricc., p. 504, t. XXXVII, f. 3 ; Syn. Hep., p. 609 ; Lamy, Rev. Bryol., t. II, p. 96 ; Hepaticæ Gall., n°ˢ 99 et 125.*

Frondes (f. a) rayonnantes, dichotomes, munies de cavités aériennes (f. d), *violettes*, excepté au sommet des lobes qui présente un sillon assez profond de couleur verte ; lobes linéaires, arrondis ou émarginés, canaliculés au sommet (f. b). Capsules formant des saillies à la *face inférieure* des frondes (f. c et d).

R R R. — Sur la vase des mares. — Haute-Vienne : près de Fréjefond et près de Bessine (Lamy). Ille-et-Vilaine : grand étang de Fayelle, près de Châteaubourg (Gallée). Morbihan : Pontivy (Cauvin).

14 (169). **R. fluitans** *L.; Lindenb., t. XXIV et XXV ; Syn. Hep. p. 610 ; Boulay, p. 862 ; Hep. Gall., n° 100. Ricciella natans Braun.*

Fronde (f. a) flottante, dépourvue de radicules, linéaire, plusieurs fois bifurquée, assez distinctement nerviée, longue de 20-50 m., *verte sur les deux faces*, obtuse, plane en dessus, munie de cavités aériennes vers le sommet (f. b). Capsules formant des saillies très-apparentes *à la face inférieure* des frondes.

A C. — Nageant à la surface des eaux stagnantes.

Var. *canaliculata; R. canaliculata* Hoffm. — Plante plus courte, munie de radicules (f. c) ; lobes à bords redressés, *canaliculés* (f. d). Cette variété fructifie (f. c et d) beaucoup plus souvent que le type. — Sur la vase des mares après le retrait de l'eau.

SUPPLÉMENT.

Page 13. — Après le *Sarcoscyphus emarginatus*, ajouter :

(170). **S. sphacelatus** .*Nees ; Syn. Hep., p. 7 ; Zetterstedt, Hep. Pyr., p. 13. Jungermannia sphacelata Lindenb. Syn. Hep., p. 76, t. I, f. 9-12.*

Plante noirâtre, brune ou verdâtre. Tige (f. a) simple ou rameuse, stolonifère, longue de 15-30 m. F. espacées ou lâchement imbriquées (f. b), *obovales* (f. c), rétrécies à la base et amplexicaules, bilobées ; lobes *obtus-arrondis*, sinus *aigu* ou beaucoup moins obtus que dans l'espèce précédente, descendant jusqu'au 1/5 de la feuille. Les deux f. supérieures de l'invol. sont soudées jusqu'*au tiers*.

RRR. — Rochers humides de la région glaciale. — Pyrénées : port d'Oo (Zetterstedt).

P. 14. — Après l'*Alicularia scalaris*, ajouter :

(171). **A. geoscyphus** *De Notaris, App., p. 32, f. 3, Hep. Gall., n° 101.*

Plante d'un vert jaunâtre, formant des touffes compactes. Tige (f. a) couchée, redressée au sommet, simple ou peu rameuse, radiculeuse, longue de 5-12 m. F. dressées, imbriquées (f. b), suborbiculaires, *distinctement émarginées-bilobées* (f. c). Amphigastres nuls. Fructification formant à sa base *une bosse* saillante d'un côté (f. b).

RRR. — Pyrénées : sur les rochers humides., au-dessus de la Rencluse, en montant à la Maladetta (Husnot).

P. 14. — Ajoutez aux localités pyrénéennes de l'*Alicularia compressa :* port de Bielsa, Esquierry, la Maladetta, Crabère (Husnot) ; Gorge de Cauterets (Renauld).

P. 15. — *Southbya tophacea :* Caumont, près St-Girons, Lourdes et St-Pé-de-Bigorre (Renauld).

P. 16. — *S. hyalina :* vallée de Burbe, dans les Pyrénées (Zetterstedt). Valat des Pichoux, dans la Lozère (Prost).

P. 17. — *Plagiochila spinulosa :* AC. dans le Finistère (Camus).

P. 17. — *P. interrupta :* Alpes-Maritimes, à St-Martin-Lantosque (Philibert).

P. 20. — *Scapania subalpina :* lieux humides de la région alpine, à Crabioules, près de Luchon (Zetterstedt).

P. 26. — *Jungermannia Taylori :* aux localités belges de Louette-St-Pierre (Gravet) et de Verviers (Rœmer). — La variété *anomala,* à Fontainebleau (Bescherelle), et à Genek, en Belgique (Bamps et Gravet).

P. 26. — *J. Schraderi :* Pintac, près Tarbes (Renauld). St-Laurent-sur-Sèvres, en Vendée (Camus). Montreuil-Belfroy, près d'Angers (Bouvet). Rochers d'Othes, près Auxerre (Revin).

P. 27. — *J. subapicalis :* aux localités belges de Louette-St-Pierre (Gravet) et de Verviers (Rœmer).

P. 28. — *J. nana :* le Canigou (Gautier).

P. 28. — *J. nigrella :* parois humides d'une cave, entre Champigny et St-Vincent, près de Saumur (Trouillard); le Guédéniau, près Angers (Hy); Villequier, près Rouen (Malbranche).

P. 29. — *J. sphærocarpa :* près de la cabane de Riberetta, à la Maladetta (Husnot). Orchimont, en Belgique (Gravet).

P. 30. — *J. tersa :* Poupehan, en Belgique (Delogne).

P. 30. — *J. cordifolia :* port de Bielsa et vallée du Lutour, dans les Pyrénées (Husnot); lac de Gaube (Renauld).

P. 30. — *J. riparia :* St-Gervais-les-Bains, dans la Haute-Savoie (Puget). — Ajoutez après la description de cette espèce :

Var. *tristis; J. tristis Nees.* — Plante plus grêle; f. dressées, imbriquées; f. de l'invol. plus dressées. — Départ. du Var (Goulard).

P. 31. — *J. pumila :* La Vabre, dans la Lozère (Boulay). Pointe d'Esquy, dans les Côtes-du-Nord (Gallée).

P. 31. — *J. alicularia :* Aix (Philibert). Les Mées, dans les Basses-Alpes (Renauld).

P. 32. — *J. inflata :* vallée d'Estaing et la cascade d'Enfer, dans les Pyrénées (Husnot). Marais de St-Michel, dans le Finistère (Camus). Ry, près Rouen (Malbranche).

P. 43. — *J. catenulata.* — Les f. de l'invol. sont quelquefois 3-lobées.

P. 44. — *J. curvifolia :* montagnes de la Corse (Philibert).

P. 45. — *J. Turneri :* Corse, Cannes (Philibert). Maine-et-Loire : bois d'Avrillé et de Mollières (Hy). Calvados (?).

P. 54. — L'*Harpanthus Flotovianus*, ayant été considéré par quelques auteurs comme étant le *Jungermannia vogesiaca* de Hübener, qui indique sa plante dans les marais tourbeux des Vosges, j'en donne ci-dessous la description :

(172). **H. Flotovianus** *Nees ; Syn. Hep., p. 170. Jungermannia Flotoviana Nees.*

Tige longue de 20-40 mill., beaucoup plus grande dans toutes ses parties que l'*Harpanthus scutatus*. F. (f. a) *ovales*, longuement *décurrentes*, étalées, à deux lobes courts, *obtus*. Amph. (f. b) triangulaires, entiers ou munis de plusieurs dents. Pér. (f. c) subcylindrique, crénelé à l'orifice. — Dans les tourbières, parmi les mousses.

. P. 55. — J'ai considéré le *C. lophocoleoides* comme une variété du *C. polyanthus*. Je crois qu'il est assez distinct pour être maintenu comme espèce, et je figure, sous le n° 173, des échantillons fructifiés provenant du Tyrol : *a* tige et feuilles, *b* périanthe et coiffe.

P. 55. — *Saccogyna viticulosa :* Cannes, départ. des Alpes-Maritimes (Philibert).

P. 63. — *Madotheca rivularis :* Montagnes de la Corse (Philibert).

P. 66. — *Lejeunia minutissima.* — M. Spruce vient de décrire (*Journal of Botany, February 1881*) le périanthe de cette espèce jusqu'ici inconnu. C'est dans l'herbier de Schimper que cet auteur a trouvé, sur un échantillon récolté à Vire (Calvados), un périanthe (peut-être incomplètement développé) inclus dans l'involucre, pyriforme-oblong ou obovale. M. Spruce (*Annals and Magazine of Nat. Hist., August 1849*) avait, d'après l'examen de l'exemplaire original de Smith, déclaré que le *J. ulicina* de Taylor était le *J. minutissima* de Smith, et, changeant les noms adoptés dans le Synopsis Hep. de Gottsche, il appela *L. minutissima* la plante munie d'amphigastres ; j'avais, ainsi que la plupart des auteurs, adopté cette synonymie. Aujourd'hui M. Spruce reconnaît qu'il a commis une erreur et revient aux noms du Synopsis. — Je crois préférable d'abandonner ce nom de *minutissima*, donné tantôt à l'une, tantôt à l'autre espèce ; souvent à

l'une et à l'autre confondues ; dans ce cas, mon n° 2 doit conserver le nom de *L. inconspicua*, et le n° 3 s'appeler *L. ulicina*. — M. Spruce, qui a fait une étude spéciale de ce genre, m'écrit que ces deux espèces sont très-distinctes, qu'elles n'appartiennent pas à la même section, qu'il connaît au moins dix bonnes espèces intermédiaires.

P. 67.—*L. ovata* : forêt de Quimperlé, Finistère (Camus).

P. 76. — *Aneura pinnatifida*. — Ajoutez après fronde plane : ou légèrement concave en dessus. Ajoutez aux localités : chemins humides, à St-Denis-de-Meré, départ. du Calvados (Husnot).

P. 80. — Après le genre Preissia, ajoutez :

SAUTERIA *Nees; Syn. Hep., p. 541.*

Réceptacle femelle pédonculé, divisé *presque jusqu'à la base* en 4-6 lobes. Périanthe nul.

(174). **S. alpina** *Nees; Syn. Hep., p. 541. Lunularia alpina Bisch., t. LXVII, f. 2.*

Fronde (f. a) ovale, concave, simple ou bifurquée, sinueuse-lobulée, verte ou blanchâtre, papilleuse et poreuse en dessus, garnie en dessous d'écailles blanches, ovales-lancéolées. Réceptacle femelle (f. a) pédonculé, divisé *jusque près de la base* en 4-6 lobes. Invol. en nombre égal aux lobes, tubuleux, lobés à l'orifice (f. b). Périanthe *nul.* Coiffe campanulée, irrégulièrement lobée, égalant l'invol. Capsule longuement pédicellée, dépassant un peu l'invol., globuleuse, divisée jusqu'au dessous du milieu en 4-6 valves ovales (f. b).

Un exemplaire de l'herbier du Muséum, donné par Mougeot, porte cette indication : Hautes-Alpes. Mougeot a peut-être voulu désigner par ces mots la région élevée des Alpes et non le département français de ce nom. — Cette espèce a été trouvée près de nos frontières, dans les Alpes du Valais (Coquebert-de-Montbret).

P. 22. — *Scapania umbrosa* : cascade de St-Herbot, Finistère (Camus).

P. 24. — *Jungermannia Dicksoni* : vallon de Huelgoat, Finistère (Camus).

P. 94, l. 27. — Au lieu de *Ricciella natans* Br., lisez : *Ricciella fluitans* Br.

TABLE ALPHABÉTIQUE.

Obs. — Les noms des genres sont imprimés en PETITES CAPITALES, les noms des espèces en romain et les synonymes en *italiques*.

polyanthus L.	p.	54	ovata Tayl.	p.	67
Porella Dhs.		64	serpyllifolia Lib.		67
porphyroleuca N.		36	ulicina Spr.		66
pubescens Sch.		77	LEPIDOZIA Dm.		58
pumila With.		31-96	cupressina Car.		58
quinquedentata T.		41	pinnata Hk.		58
reclusa Tyl.		44	reptans Dm.		58
reptans L.		58	tumidula Tl.		58
resupinata W.		19	LIOCHLÆNA Nees.		50
resupinata Ldb.		20	lanceolata N.		50
riparia Tayl.		30-96	LOPHOCOLEA Dm.		51
rostellata Hb.		47	bidentata N.		51
scalaris Sch.		44	heterophylla Dm.		53
Schraderi Mt.		26-96	Hookeriana N.		52
Schreberi N.		41	minor N.		52
scutata W. M.		53	vogesiaca N.		53
serpyllifolia Dk.		67	Lophozia Dum.		36
setacea W.		45	attenuata Dm.		40
setiformis Ehr.		42	ventricosa Dm.		36
socia Nees.		38	LUNULARIA Mich.		78
sphacelata Ldb.		95	alpina Bsh.		98
sphærocarpa Hk.		29-96	Dilenii Lej.		78
sphagni Dks.		50	Michelii Lej.		78
spinulosa Dks.		17	vulgaris Mch.		78
Sprengelii Mt.		57	MADOTHECA Dm.		62
Starkii N.		42	Cordæana Dm.		64
stipulacea Hk.		53	lævigata Dm.		63
subalpina N.		20	navicularis Dm.		63
subapicalis N.		26-96	platyphylla Dm.		63
Tamarisci L.		69	platyphylloidea Dm.		64
taxifolia Wah.		23	Porella N.		64
Taylori Hk.		25-96	rivularis N.		63-97
tersa Nees.		29-96	MARCHANTIA L.		78
Trichomanis Dk.		56	commutata Ldb.		79
trichophylla L.		46	conica L.		81
tricrenata L.		59	cruciata L.		78
trilobata W.		59	flagrans B.		83
tomentella Ehr.		60	hemisphærica S.		79
tophacea Spr.		15	hemisphærica L.		81
turbinata Rd.		33	irrigua Wils.		80
Turneri Hk.		45-97	polymorpha L.		79
ulicina Tayl.		66	quadrata Scop.		80
uliginosa Sw.		21	Marsupella Dum.		11
umbrosa Sch.		22	MASTIGOBRYUM N.		59
undulata L.		20	deflexum N.		59
ventricosa Dks.		36	implexum N.		60
viticulosa L.		55	tricrenatum N.		59
vogesiaca Hb.		53-97	trilobatum N.		59
Wenzelii N.		35	Mesophylla Dum.		14
Wilsoniana N.		32	compressa Dm.		14
Zeyheri Hüb.		48	METZGERIA Raddi.		76
Zeyheri Gott		47	conjugata Ldb.		77
LEJEUNIA Libert.		64	furcata Dm.		77
calcarea Lib.		66	pubescens Rd.		77
calyptræfolia Dm.		65	violacea Dum.		77
hamatifolia Dm.		66	Mœrckia Gott.		72
inconspicua D. N.		65	hibernica Got.		72
minutissima Dm.		66-97	norvegica G.		73
minutissima Syn.		65	Nardia Gray.		11-14

Caen, Typ. F. Le Blanc-Hardel.

Pl. I.

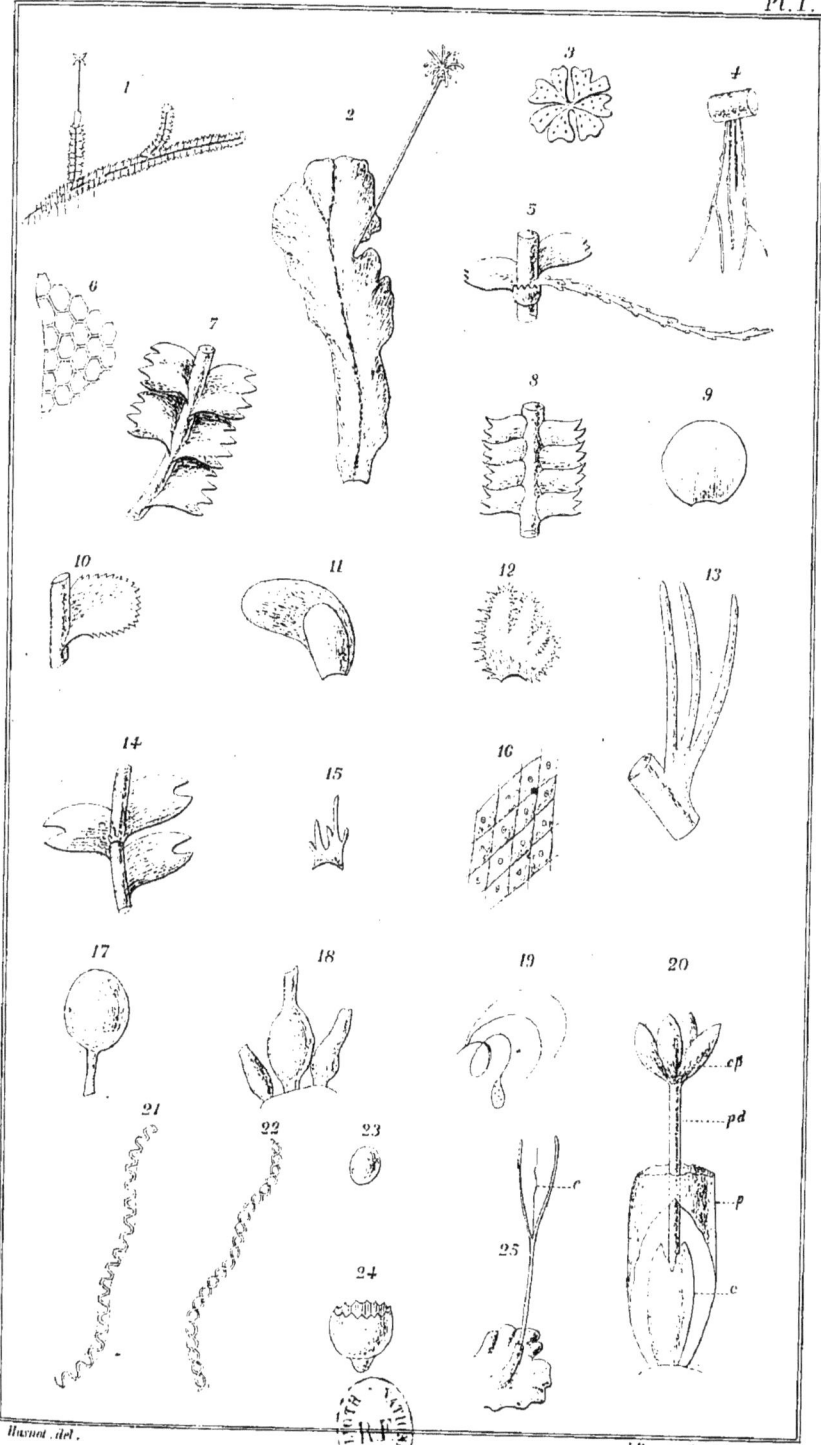

Husnot, del.

J. Rumion, Grav. à Caen.

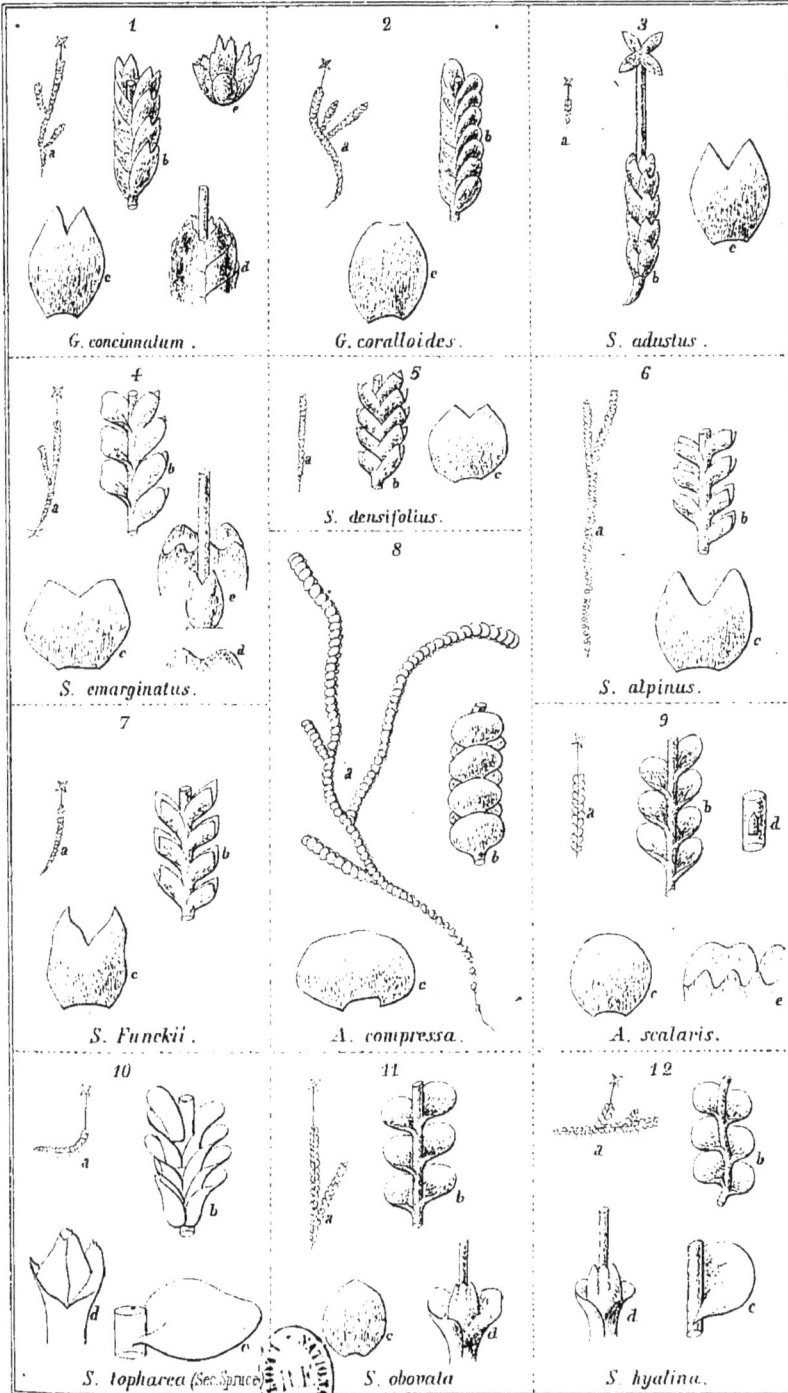

1 G. concinnatum.

2 G. coralloides.

3 S. adustus.

4 S. emarginatus.

5 S. densifolius.

6 S. alpinus.

7 S. Funckii.

8 A. compressa.

9 A. scalaris.

10 S. topharea (Sec.Spruce)

11 S. obovata

12 S. hyalina.

Husnot, del   J. Ramon, Grav. à Caen.

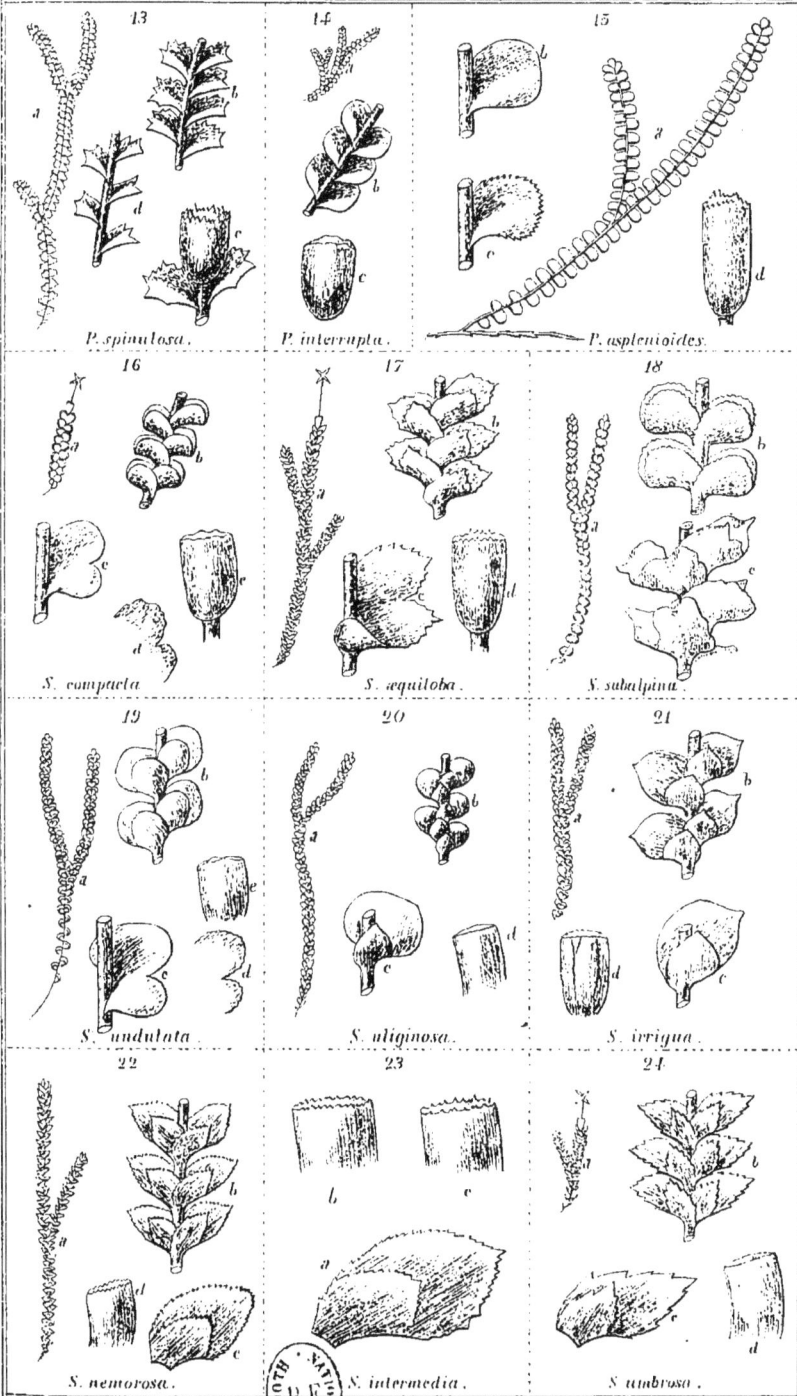

13. *P. spinulosa*.   14. *P. interrupta*.   15. *P. asplenioides*.

16. *S. compacta*.   17. *S. aequiloba*.   18. *S. subalpina*.

19. *S. undulata*.   20. *S. uliginosa*.   21. *S. irrigua*.

22. *S. nemorosa*.   23. *S. intermedia*.   24. *S. umbrosa*.

Husnot, del.

J. Ramon. Grav. à Caen.

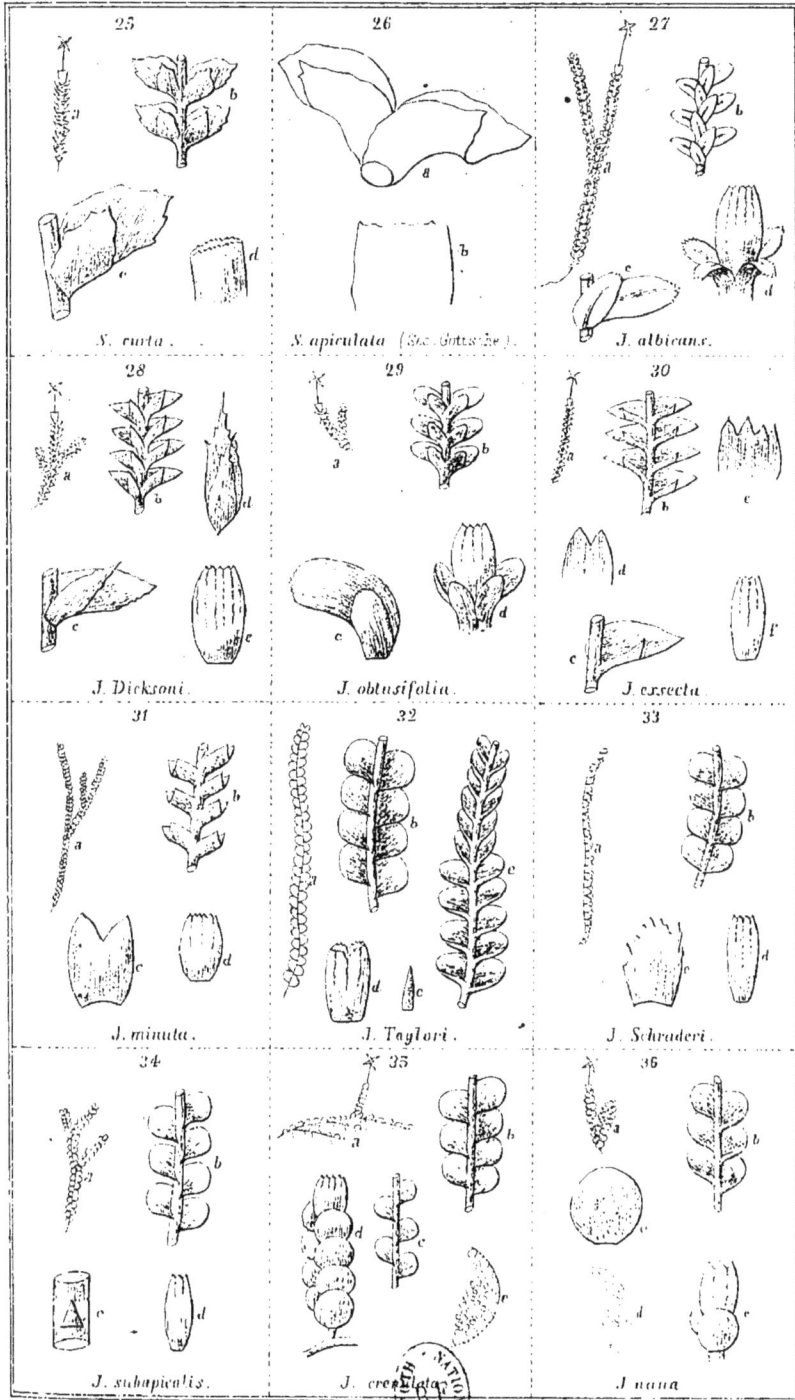

25

26

27

S. curta.

S. apiculata (Sto. Gottsche).

J. albicans.

28

29

30

J. Dicksoni.

J. obtusifolia.

J. exsecta.

31

32

33

J. minuta.

J. Taylori.

J. Schraderi.

34

35

36

J. subapicalis.

J. crenulata.

J. nana.

Husnot, del.

J. Rauot, Base a Caen.

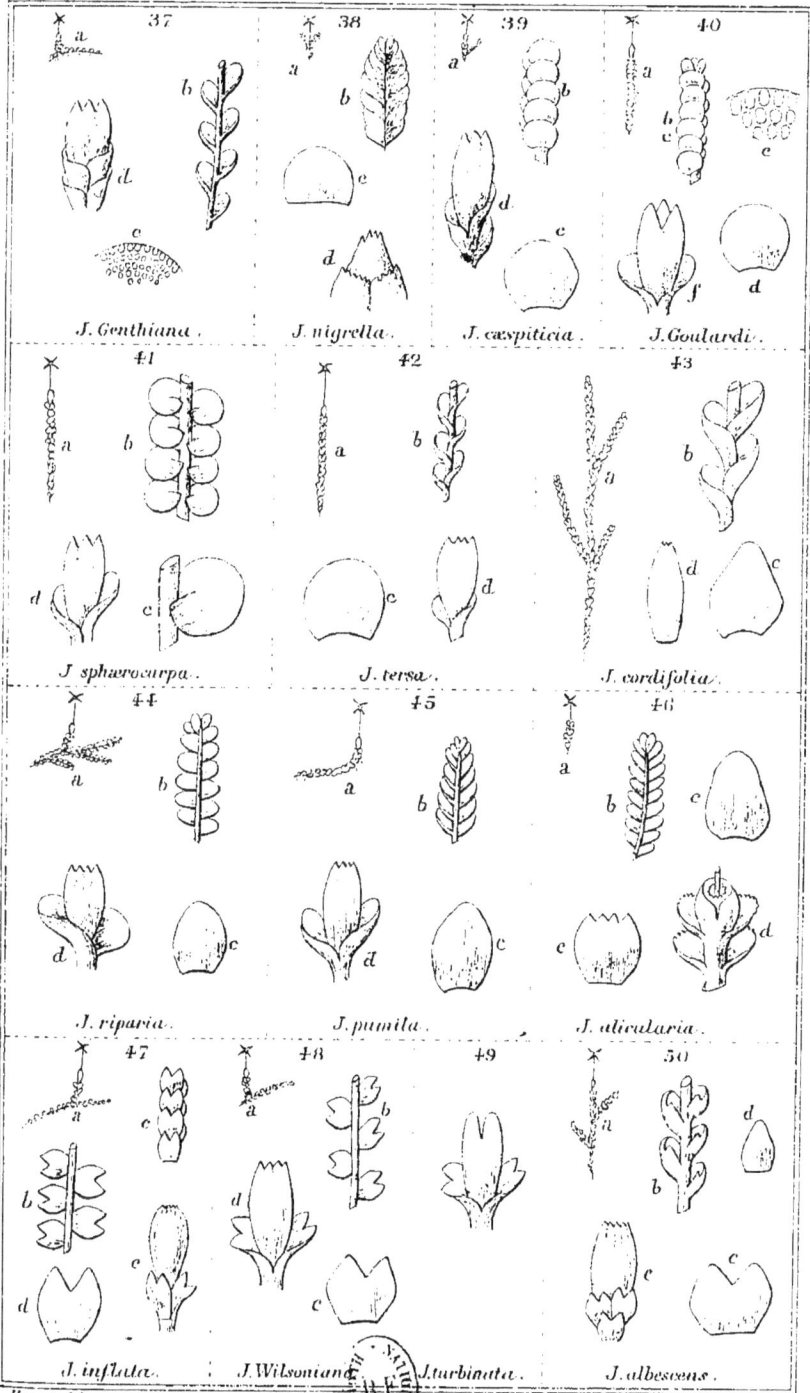

37. J. Genthiana.

38. J. nigrella.

39. J. cæspiticia.

40. J. Goulardi.

41. J. sphærocarpa.

42. J. tersa.

43. J. cordifolia.

44. J. riparia.

45. J. pumila.

46. J. aicularia.

47. J. inflata.

48. J. Wilsoniana.

49. J. turbinata.

50. J. albescens.

Husnot, del.

J. Raman, Grav. à Caen.

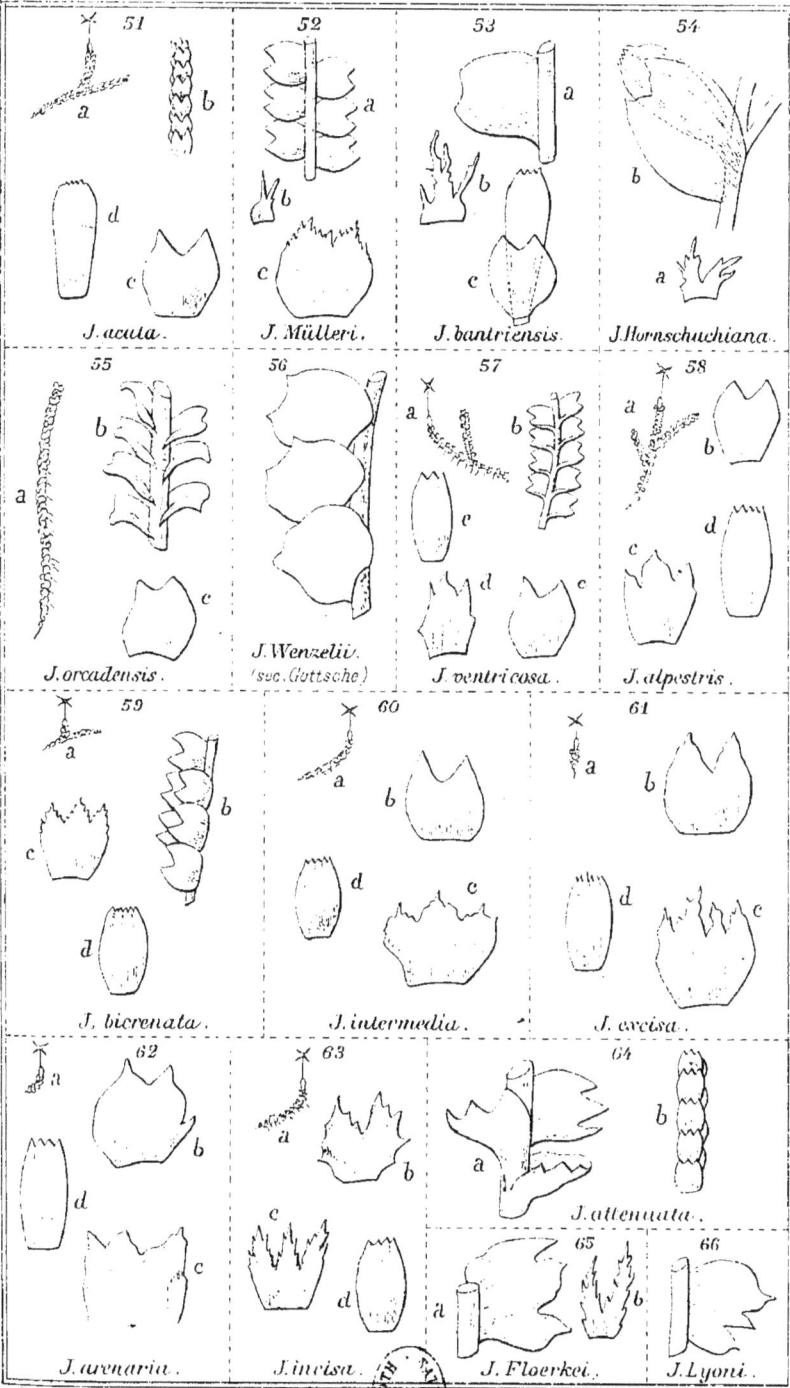

51 — J. acuta.

52 — J. Mülleri.

53 — J. bantriensis.

54 — J. Hornschuchiana.

55 — J. orcadensis.

56 — J. Wenzelii. (sec. Gottsche.)

57 — J. ventricosa.

58 — J. alpestris.

59 — J. bicrenata.

60 — J. intermedia.

61 — J. excisa.

62 — J. arenaria.

63 — J. incisa.

64 — J. attenuata.

65 — J. Floerkei.

66 — J. Lyoni.

Pl. VII.

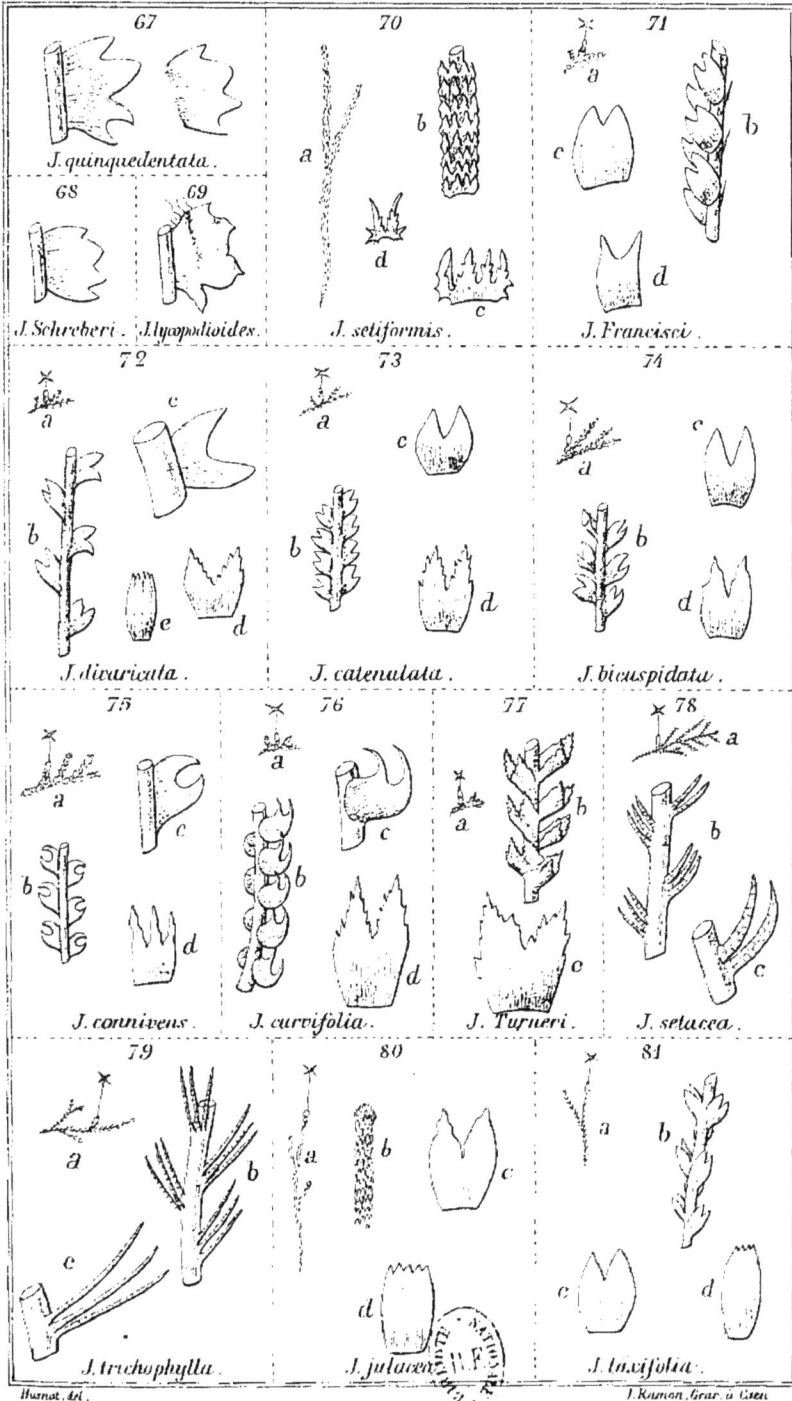

67

J. quinquedentata.

68

J. Schreberi.

69

J. lycopodioides.

70

J. setiformis.

71

J. Francisci.

72

J. divaricata.

73

J. catenulata.

74

J. bicuspidata.

75

J. connivens.

76

J. curvifolia.

77

J. Turneri.

78

J. setacea.

79

J. trichophylla.

80

J. julacea.

81

J. taxifolia.

Huenat. del.

J. Ramon. Grav. à Caen.

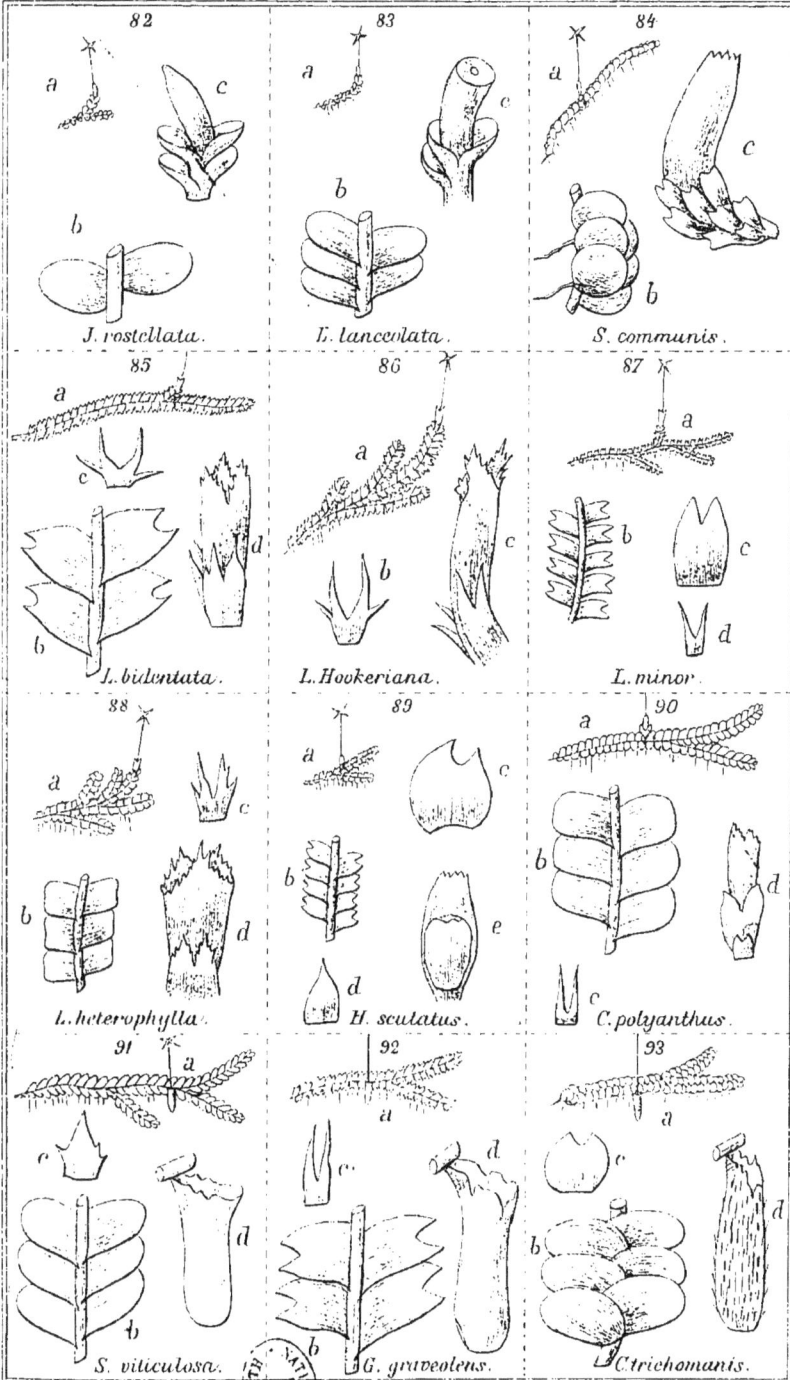

82 — J. rostellata.

83 — L. lanceolata.

84 — S. communis.

85 — J. bidentata.

86 — L. Hookeriana.

87 — L. minor.

88 — L. heterophylla.

89 — H. scutatus.

90 — C. polyanthus.

91 — S. viticulosa.

92 — G. graveolens.

93 — C. trichomanis.

Hasnot, del.

J. Ramon, Grav. à Caen.

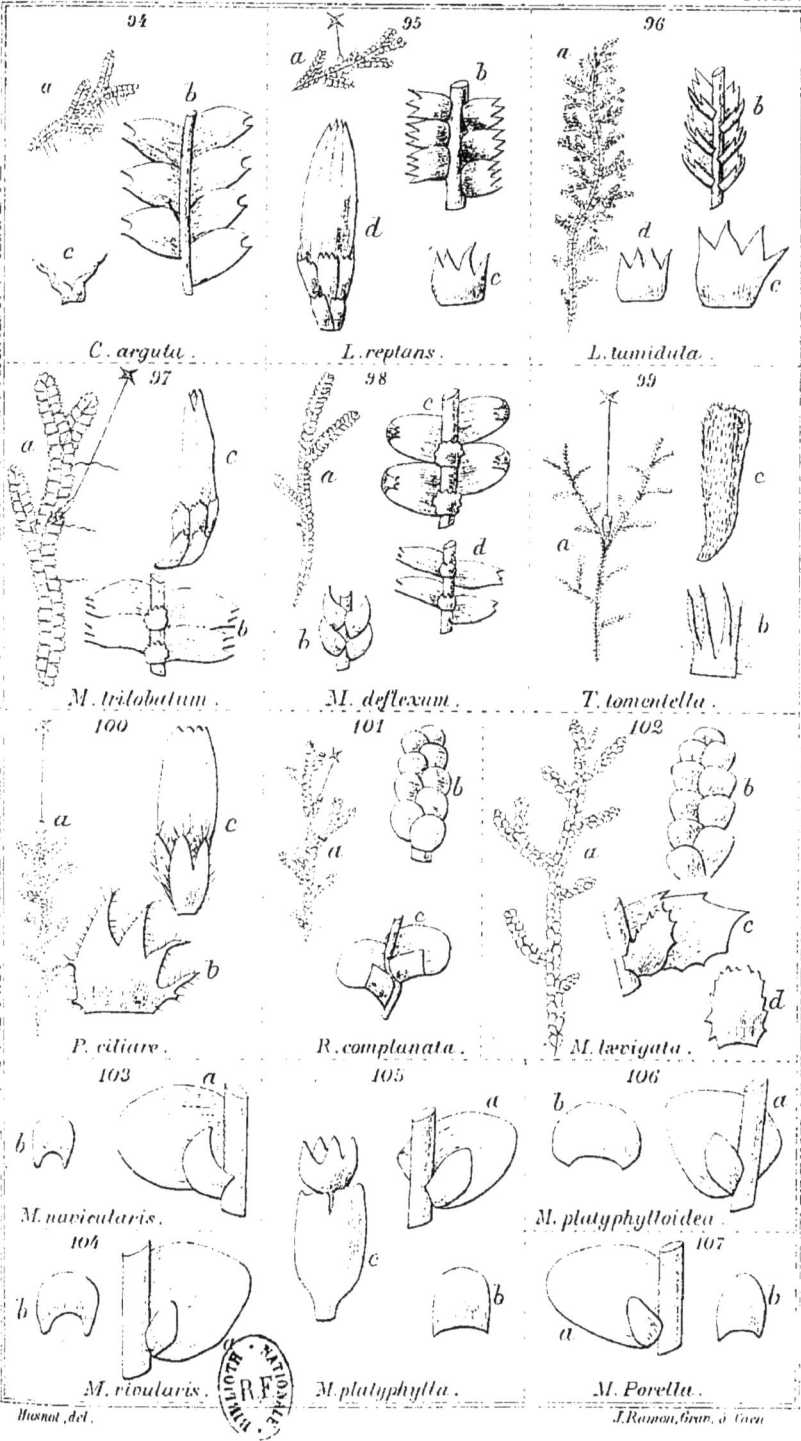

94

C. argula.

95

L. reptans.

96

L. tumidula.

97

M. trilobatum.

98

M. deflexum.

99

T. tomentella.

100

P. ciliare.

101

R. complanata.

102

M. lævigata.

103

M. navicularis.

105

106

M. platyphylloidea.

104

M. rivularis.

M. platyphylla.

107

M. Porella.

Husnot, del.

J.Ramon, Grav. à Caen

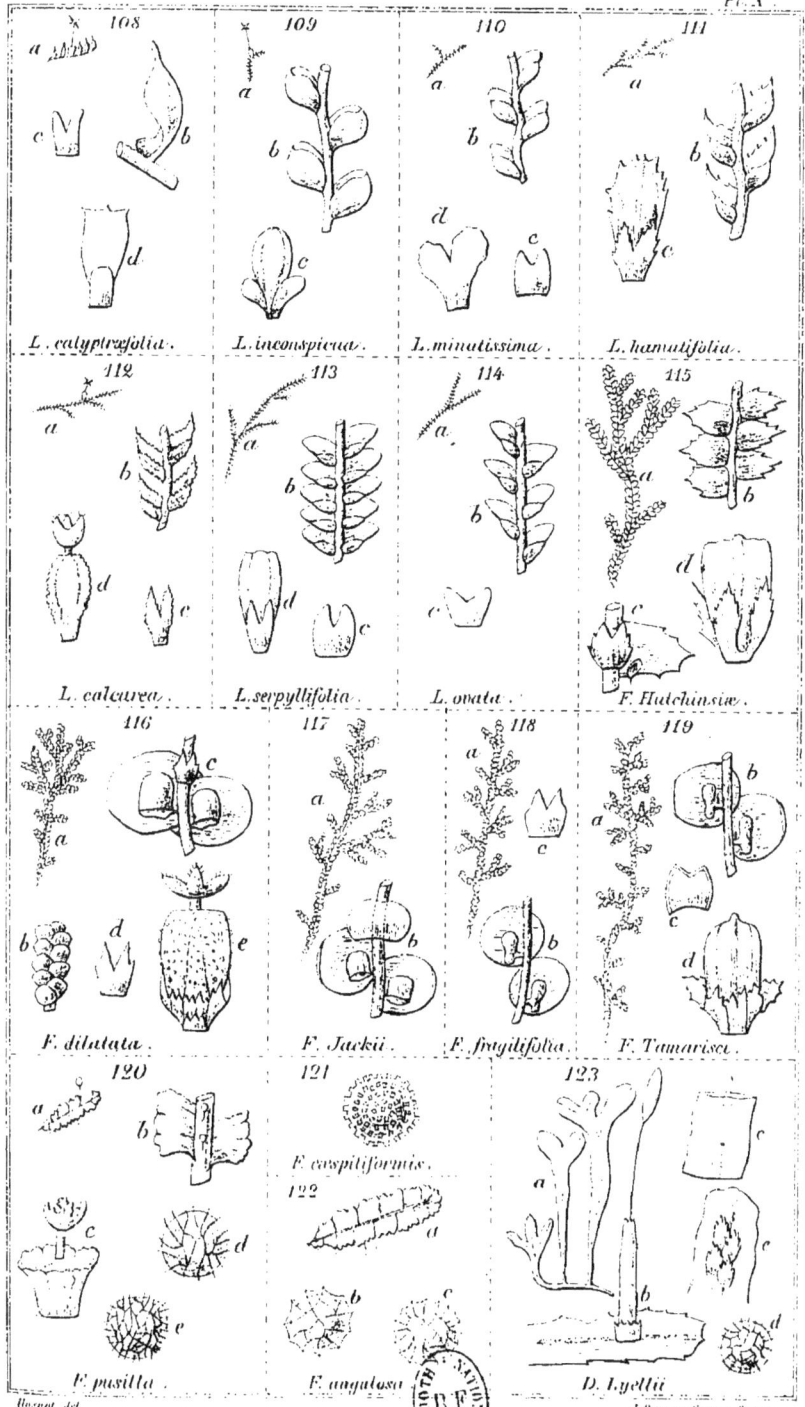

108. L. calyptrofolia. 109. L. inconspicua. 110. L. minutissima. 111. L. hamatifolia.

112. L. calcarea. 113. L. serpyllifolia. 114. L. ovata. 115. F. Hutchinsiæ.

116. F. dilatata. 117. F. Jackii. 118. F. fragilifolia. 119. F. Tamarisci.

120. F. pusilla. 121. F. cæspitiformis. 122. F. angulosa. 123. D. Lyellii.

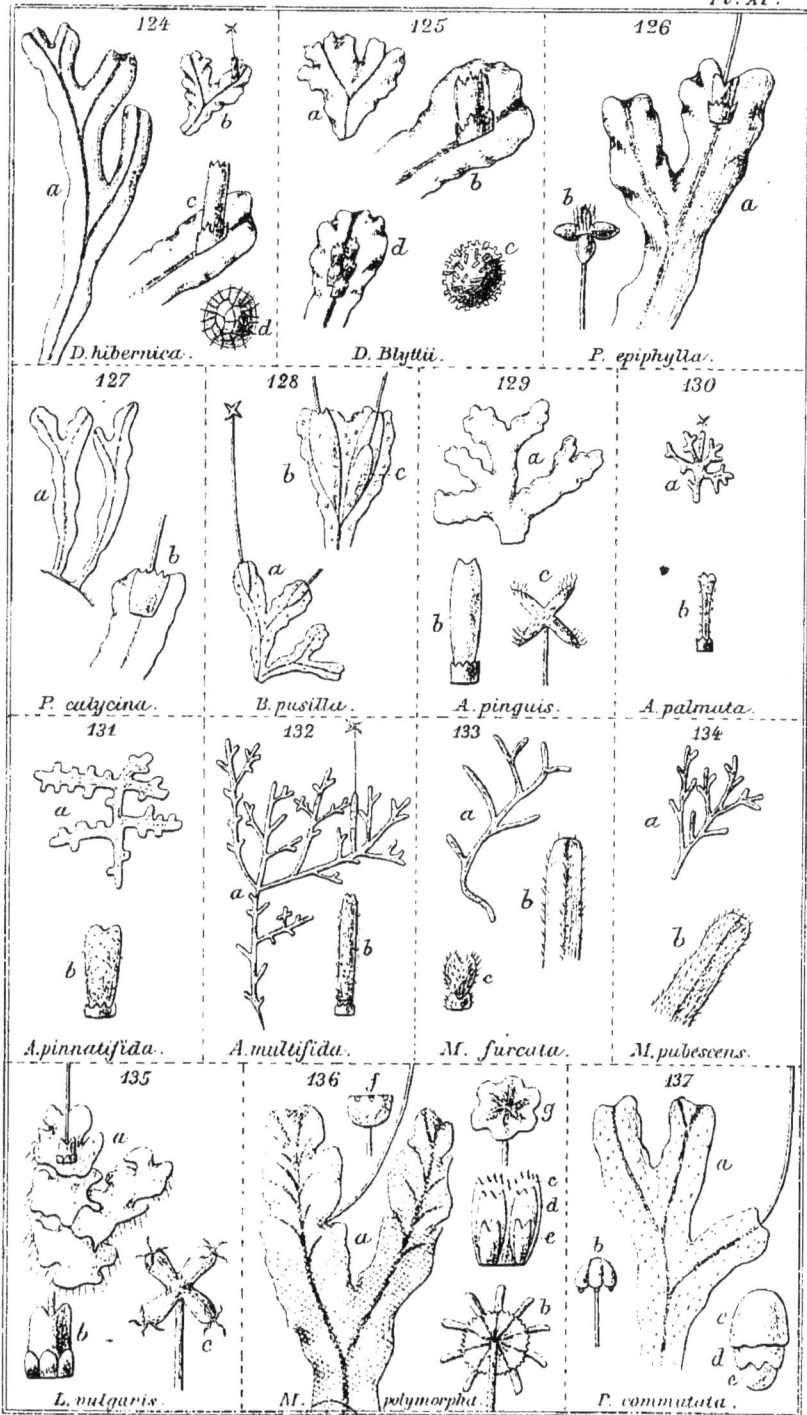

124 — D. hibernica.

125 — D. Blyttii.

126 — P. epiphylla.

127 — P. calycina.

128 — B. pusilla.

129 — A. pinguis.

130 — A. palmata.

131 — A. pinnatifida.

132 — A. multifida.

133 — M. furcata.

134 — M. pubescens.

135 — L. vulgaris.

136 — M. polymorpha.

137 — P. commutata.

Husnot del.

J. Ramon, Grav. à. Caen.

Pl. XII.

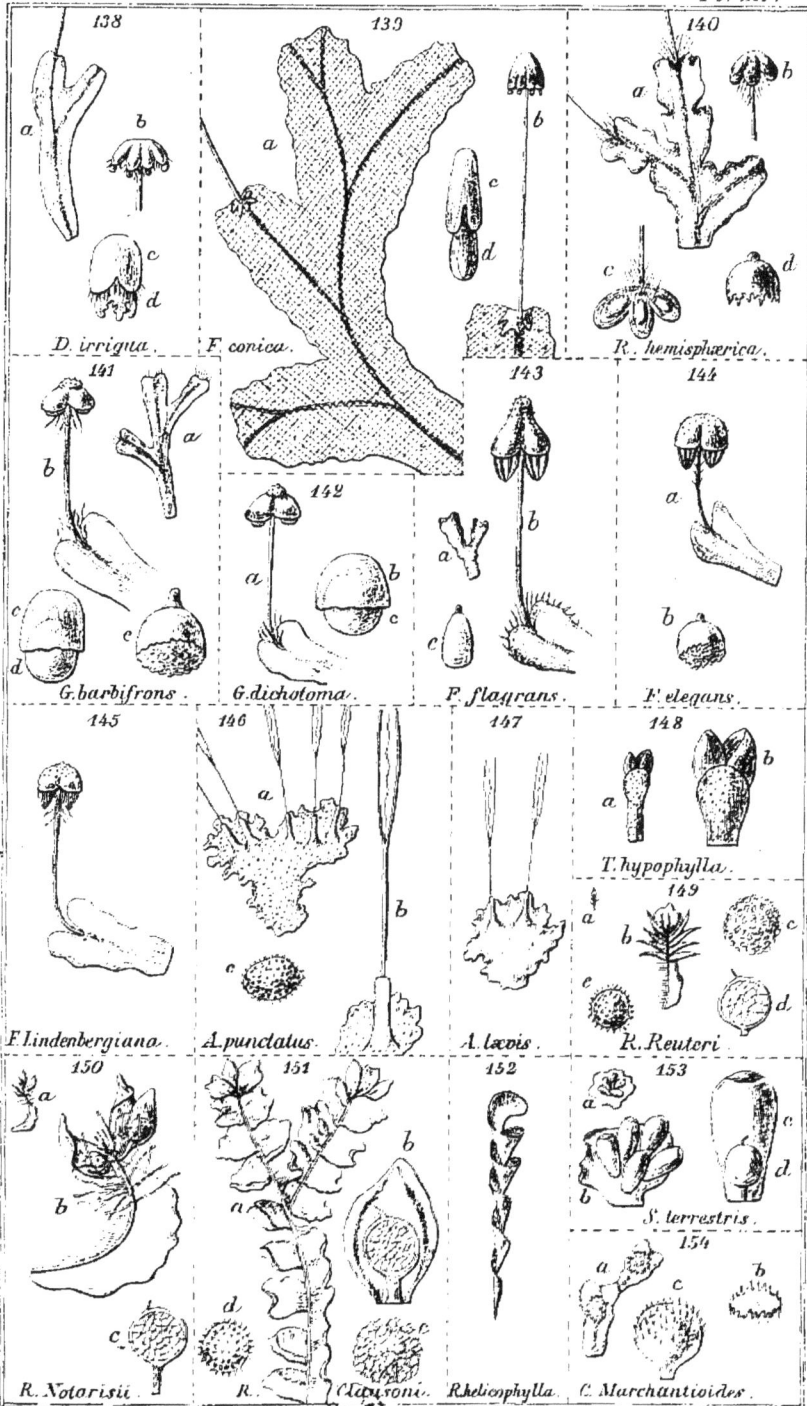

138 — *D. irrigua.*

139 — *F. conica.*

140 — *R. hemisphærica.*

141 — *G. barbifrons.*

142 — *G. dichotoma.*

143 — *F. flagrans.*

144 — *F. elegans.*

145 — *F. Lindenbergiana.*

146 — *A. punctatus.*

147 — *A. lævis.*

148 — *T. hypophylla.*

149 — *R. Reuteri.*

150 — *R. Notarisii.*

151 — *R. Clausoni.*

152 — *R. helicophylla.*

153 — *S. terrestris.*

154 — *C. Marchantioides.*

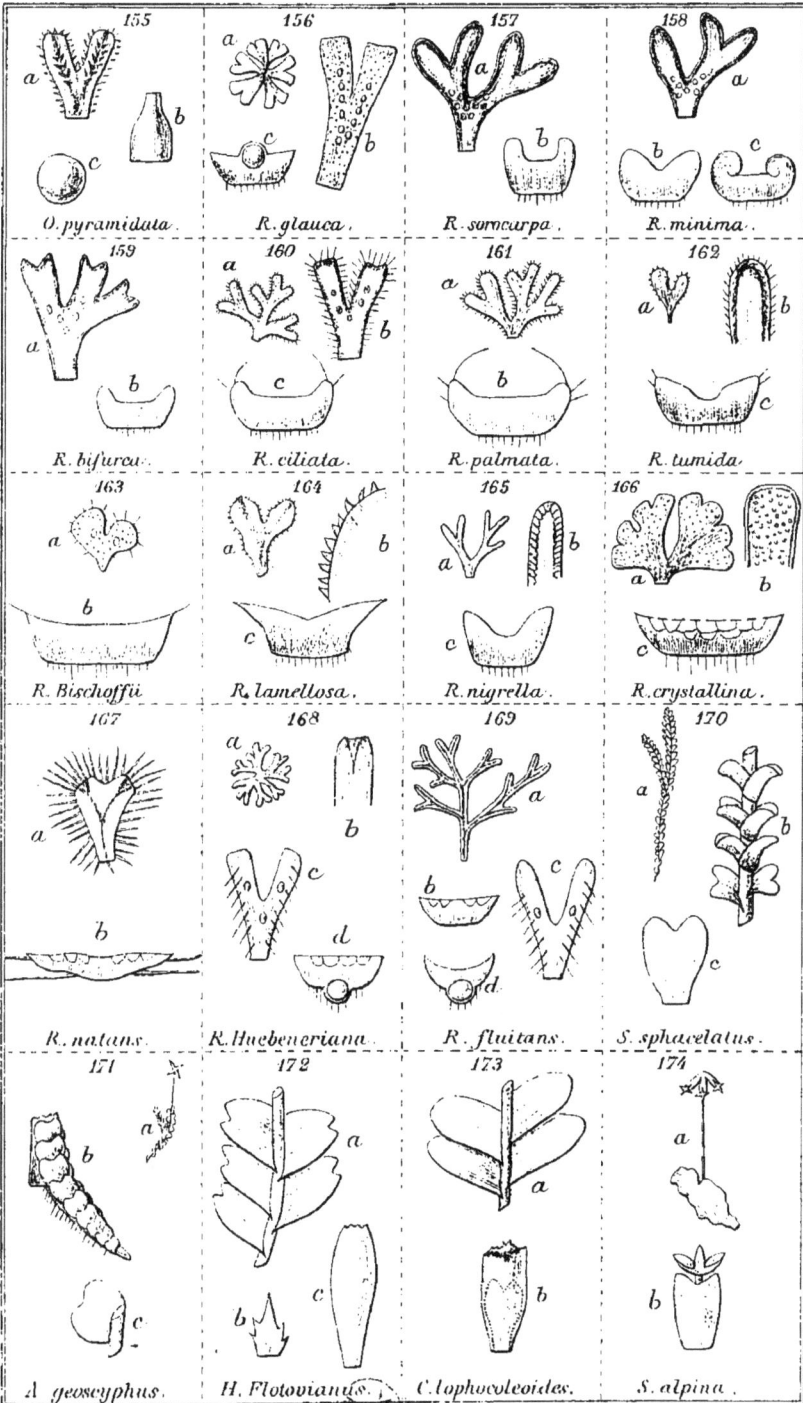

155   O. pyramidata.

156   R. glauca.

157   R. sorocarpa.

158   R. minima.

159   R. bifurca.

160   R. ciliata.

161   R. palmata.

162   R. tumida.

163   R. Bischoffii.

164   R. lamellosa.

165   R. nigrella.

166   R. crystallina.

167   R. natans.

168   R. Hueberiana.

169   R. fluitans.

170   S. sphacelatus.

171   A. geoscyphus.

172   H. Flotovianus.

173   C. lophocoleoides.

174   S. alpina.

J. Ramon, Grav. à Caen.

Revue Bryologique, bulletin bimestriel consacré à l'étude des Mousses et des Hépatiques.

1re Année, 1874, 1 vol. in-8° de 64 pages . . . 4 fr. »»
Les 6 autres années, chacune. . . . . 5 fr. »»
8° Année, 1881, en cours de publication . . . 5 fr. »»

Flore analytique et descriptive des Mousses du Nord-Ouest (environs de Paris, Normandie, Bretagne, Anjou, Maine), avec échantillons intercalés dans le texte et deux pl. lithogr. Paris, 1873, 1 vol. in-12 de 204 pages. 5 fr. »»

Ouvrage couronné par l'Académie de Rouen.

Catalogue des Mousses du Calvados. — Paris, 1875, in-8° de 37 pages . . . . 1 fr. 50

Catalogue des Cryptogames recueillis aux Antilles françaises en 1868 et Essai sur leur distribution géographique dans ces îles. — 1re partie : Fougères. Caen, 1871, in-8° de 60 p. et une carte de Géographie botanique. 3 fr.

Enumération des Glumacées récoltées aux Antilles françaises, par Husnot et Coutance. — Caen, 1871, in-8° de 36 pages. . . . . 1 fr. 50

Husnot. — Musci Galliæ (Herbier des Mousses de France et de diverses contrées de l'Europe), publiés par Anthouard, Arnell, Bescherelle, l'abbé Boulay, Bouvet, de Brébisson, Camus, Debat, Delogne, Étienne, Fergusson, Flagey, Fourcade, Geheeb, l'abbé de La Godelinais, Goulard, Gravet, Hanry, Hardy, Hommey, Husnot, Lamy, Lebel, Ledantec, Legrand, Lenormand, Marchal, Paillot, le colonel Paris, l'abbé Puget, Payot, Pelvet, Philibert, Pierrat, l'abbé Ravaud, Renauld, Roux, Schimper, Trabut, Venturi, Verheggen. — Cahan (Orne), 1870-1880.
Fascicules 1-13 (n°s 1-650), contenant 550 espèces et 100 variétés . . . . 104 fr. »»

Husnot. — Hepaticæ Galliæ, par les mêmes auteurs. Fascicules 1-5 (n°s 1-125) . . . . 25 fr. »»

Husnot. — Genera muscorum Europæorum exsiccata. Un fascicule in-8° contenant 107 Mousses appartenant à 104 genres différents. — Prix (franco par la poste). 8 fr. »»

Mousses (environ 50 espèces), **Hépatiques** (environ 50 espèces), **Graminées**, **Cypéracées** et **Fougères** des Antilles, avec étiquettes imprimées et numérotées. — Prix de la centurie . . . . 30 fr. »»

Caen, Typ. F. Le Blanc-Hardel.